Faserforschung und Textiltechnik

Begründet von

Erich Correns und Walter Frenzel

Herausgegeben von

Wolfgang Bobeth · Hermann Klare

Burkart Philipp · Christian Ruscher

Schriftleiter

J. Brämer und I. Ruscher

THEORIA CUM PRAXI

Akademie-Verlag
Berlin

Faserforsch. u. Textiltechnik / Z. Polymerforsch.
25. Jahrg. · Heft 8 · Seiten 325—366 · Berlin, im August 1974
FSTXA7 25 (8) 325—366 (1974)
Preis: 15,— M · Sonderpreis DDR: 9,— M

Faserforschung und Textiltechnik

Zeitschrift für Polymerforschung

Die Zeitschrift „Faserforschung und Textiltechnik/Z. f. Polymerforschung" erscheint monatlich in Heften zu 48 Textseiten im Format A 4. Der Preis für das Einzelheft beträgt M 15,– (Sonderpreis für DDR M 9,–), für den Vierteljahrbezug M 45,– (Sonderpreis für DDR M 27,–), zuzügl. Bestellgeld. Die Berechnung erfolgt zu Beginn eines Vierteljahrs für 3 Hefte. Falls keine Bezugsmöglichkeit durch eine Buchhandlung vorhanden ist, wenden Sie sich bitte in der Deutschen Demokratischen Republik an ein Postamt oder den Verlag, in den sozialistischen Ländern an den jeweiligen Postzeitungsvertrieb, in der Bundesrepublik Deutschland an die Auslieferungsstelle Kunst und Wissen, Erich Bieber, 7 Stuttgart 1, Wilhelmstraße 4–6, in allen übrigen Ländern an den internationalen Buch- und Zeitschriftenhandel oder den Buchexport, Volkseigener Außenhandelsbetrieb der Deutschen Demokratischen Republik, DDR-701 Leipzig, Postschließfach 276, oder den Akademie-Verlag, DDR-108 Berlin, Leipziger Str. 3–4 (Fernruf: 220441; Telex-Nr. 0112020; Postscheckkonto 35021). Bestellnummer dieses Heftes: 1014/25/8. Alleinige Anzeigenannahme DEWAG-WERBUNG, DDR-1054 Berlin, Wilhelm-Pieck-Str. 49, und alle DEWAG-Betriebe in den Bezirksstädten der DDR.

Herausgeber und verantwortlich für den Inhalt: Prof. Dr.-Ing. habil. Wolfgang Bobeth, Institut für Technologie der Fasern der Akademie der Wissenschaften der DDR, 801 Dresden, Hohe Str. 6, Fernruf: 46580, Prof. Dr. Hermann Klare, Prof. Dr. habil. Burkart Philipp und Dr. habil. Christian Ruscher, Institut für Polymerenchemie der Akademie der Wissenschaften der DDR, 153 Teltow-Seehof, Fernruf: Teltow 4831. Schriftleiter: Joachim Brämer und Dipl.-Chem. Ingeborg Ruscher, 153 Teltow-Seehof, Kantstr. 55. Verlag: Akademie-Verlag, DDR-108 Berlin, Leipziger Str. 3–4. Satz und Druck: VEB Druckhaus „Maxim Gorki", 74 Altenburg. – Veröffentlicht unter der Lizenznummer 1280 des Presseamtes beim Vorsitzenden des Ministerrates der Deutschen Demokratischen Republik. – Printed in the German Democratic Republic.

Band 25 • August 1974 • Heft 8

DK 677.4 – 487.1/.2:677.022.2/.6:677.022.78:677.019.133:677.019.7:677.017.4

Barthel, Rolf, Hofmann, Heinrich, und *Beyreuther, Roland*

Über eine Möglichkeit zur Reduzierung der Fadenbruchhäufigkeit bei der Chemieseidenverarbeitung

Faserforsch. u. Textiltechnik/Z. Polymerforsch. **25** (1974) 8, S. 325—332. 11 Abb., 1 Tafel, 14 Lit.

Durch eine technologische Prozeßstufen-Teilintegration der beiden Prozeßstufen Recken und Texturieren zur Herstellung texturierter Feinseiden kann ohne maschinentechnische Integration eine Fadenbruchsenkung erreicht werden. Nach dem vorgestellten Verfahrensprinzip des „Reduzierten Reckens" wird das Reckverhältnis an der Reckmaschine geringfügig (bis etwa 7% gegenüber dem normalen) reduziert. Die technologische Einstellung der Texturiermaschine wird so modifiziert, daß die Eigenschaften der Finalerzeugnisse nicht negativ beeinflußt werden. In Industrieversuchen konnte sowohl beim Recken als auch beim Texturieren eine Fadenbruchsenkung beachtlichen Ausmaßes erreicht werden.

DK 678.674'524'420:536.424.1.081.7:536.764:536.63:543.227

Otto, Claus

Ein Beitrag zur Kinetik der Glasumwandlung von Polyäthylenterephthalat

Faserforsch. u. Textiltechnik/Z. Polymerforsch. **25** (1974) 8, S. 347—352. 5 Abb., 4 Tab., 31 Lit.

Ausgehend von der allgemeinen Geschwindigkeitsgleichung chemischer Reaktionen wird über die Änderung der spezifischen Wärmen im Umwandlungsbereich von amorphem Polyäthylenterephthalat die Aktivierungsenergie für den Glasübergang ermittelt. Dabei kamen neben einer für derartige Probleme bekannten kinetischen Gleichung in Anlehnung an thermogravimetrische Studien zwei weitere Auswerteverfahren zur Anwendung.

DK 677.521:678.5/.6:678.046.36:539.61:546.281

Wiedemann, Gottfried, Frenzel, Horst, Renner, Ursula, und *Preißler, Bernd*

Über ein neues Haftvermittlersystem für den Einsatz bei glasseidenverstärkten Plasten

Faserforsch. u. Textiltechnik/Z. Polymerforsch. **25** (1974) 8, S. 333—338. 13 Abb., 14 Lit.

Bei anorganisch-organischen Verbundwerkstoffen sind für das Erreichen optimaler Bindungsverhältnisse an der Grenzfläche besondere Haftvermittler auf Basis organofunktioneller Silane notwendig. Diese Silan-Haftvermittler reagieren sowohl mit der organischen Komponente, z. B. dem Duroplast, als auch mit der anorganischen Komponente, dem Glasfaserstoff, und bewirken eine Verbesserung der mechanischen und elektrischen Kennwerte der Verbundwerkstoffe. Bisherige Unzulänglichkeiten veranlaßten zu der Entwicklung eines neuen Haftvermittlersystems mit universeller Wirksamkeit für alle wichtigen Duroplaste und verbesserter Benetzbarkeit des Glasfaserstoffes durch das polymere Bindemittel.

DK 678.744.422 – 134.22:543.422.23:539.22:539.194:539.199:53.096

Sobottka, Joachim, Keller, Friedrich, und *Wunderlich, Klaus*

Breitlinienkernresonanz unorientierter Polymerer am Beispiel von Äthylen/Vinylacetat-Copolymeren

Faserforsch. u. Textiltechnik/Z. Polymerforsch. **25** (1974) 8, S. 352—355. 5 Abb., 1 Tab., 13 Lit.

Molekülparameter, wie Korrelationsfrequenz und Protonenabstände, werden mit den Linienformparametern, wie zweite Momente und Linienbreite, verglichen und Zusammenhänge formuliert. Hiervon ausgehend, werden Erfahrungen bei der Bestimmung von Parametern der molekularen Beweglichkeit, des Ordnungszustandes und von Übergangsbereichen mitgeteilt: Die Breitlinien-Kernresonanz liefert, isoliert angewendet, bei Polymeren keine quantitativen Aussagen und bedarf der Ergänzung durch die hochauflösende und Impuls-Kernresonanz, die dielektrischen und mechanischen Relaxationsverfahren, die kalorischen und dilatometrischen Meßmethoden. Die Platzwechselbewegungen von Methylgruppen des Äthylen/Vinylacetat-Copolymeren finden noch unterhalb der Temperatur von −196°C statt. Das von uns angenommene Vier-Bereichs-Modell des Äthylen/Vinylacetat-Copolymeren erhält durch die kompliziert strukturierten B/NMR-Spektren eine wesentliche Stütze.

DK 678.546.2 – 9:539.217:541.8:541.183.25:547.279.521.1:543.888

Lukanoff, Brigitte, Schleicher, Harry, und *Philipp, Burkart*

Untersuchungen zur Wasseraufnahme und zum Löseverhalten von Cyanäthylcellulosen

Faserforsch. u. Textiltechnik/Z. Polymerforsch. **25** (1974) 8, S. 339—341. 3 Abb., 8 Lit.

Es wird über den Einfluß von Celluloseausgangsmaterial, Substitutionsgrad und DP von Cyanäthylcellulosen auf deren Wasserrückhaltevermögen, Wasserdampfsorption und Löslichkeit in Dimethylsulfoxid berichtet. Während in den meisten Fällen mit steigendem Substitutionsgrad die Dampfsorption abnimmt, durchläuft das Wasserrückhaltevermögen bei mittleren Substitutionsgraden ein Minimum. Cyanäthylcellulosen aus hydrolytisch abgebauten Cellulosen zeigen ein abweichendes Verhalten.

DK 547.245:543.33:66.095.26:541.42:678.84:678.742.2:[678 – 9:66.095.26]

Gähde, Joachim, Müller, Valentina, Schlosser, Eckard, und *Schulz, Günter*

Untersuchungen zur Reaktivität von Vinyl- und Methacrylatsilan in Polyäthylen-Modellsystemen

Faserforsch. u. Textiltechnik/Z. Polymerforsch. **25** (1974) 8, S. 342—347. 11 Abb., 10 Lit.

Mit den Untersuchungen konnte auf die unterschiedliche Reaktionsfähigkeit der Vinyl- und Methacrylatgruppe in den ausgewählten Silanen hingewiesen werden. Das Vinyltriäthoxysilan ist unter der Einwirkung von Peroxidradikalen zu keiner Eigenpolymerisation anzuregen. Zwischen Vinylsilan und Polyäthylen konnte unter dem Einfluß von C-Radikalen eine Pfropfreaktion nachgewiesen werden. Das Methacrylatsilan ist bereits in Gegenwart von Peroxidradikalen zur Homopolymerisation sowohl allein als auch in Gegenwart von Polyäthylen befähigt. Die Bildung chemischer Bindungen zwischen der Methacrylatgruppe und dem Polyäthylen ist unter den gewählten Versuchsbedingungen unwahrscheinlich.

Faserforschung und Textiltechnik 25 (1974) Heft 8
Zeitschrift für Polymerforschung

Über eine Möglichkeit zur Reduzierung der Fadenbruchhäufigkeit bei der Chemieseidenverarbeitung[1)]

Rolf Barthel, Heinrich Hofmann und Roland Beyreuther

Akademie der Wissenschaften der DDR, Institut für Technologie der Fasern in Dresden

DK 677.4—487.1/.2:677.022.2/.6:677.022.78:677.019.133:677.019.7:677.017.4

Durch eine technologische Prozeßstufen-Teilintegration der beiden Prozeßstufen Recken und Texturieren zur Herstellung texturierter Feinseiden kann ohne maschinentechnische Integration eine Fadenbruchsenkung erreicht werden. Nach dem vorgestellten Verfahrensprinzip des „Reduzierten Reckens" wird das Reckverhältnis an der Reckmaschine geringfügig (bis etwa 7% gegenüber dem normalen) reduziert. Die technologische Einstellung der Texturiermaschine wird so modifiziert, daß die Eigenschaften der Finalerzeugnisse nicht negativ beinflußt werden. In Industrieversuchen konnte sowohl beim Recken als auch beim Texturieren eine Fadenbruchsenkung beachtlichen Ausmaßes erreicht werden.

Об одной возможности снижения обрывности при переработке текстильных химических нитей

Путем частичной технологической интеграции стадий вытягивания и текстурирования при производстве текстурированных нитей можно достичь снижения обрывности без изменения конструкции машин. Процесс вытягивания осуществляется по новому методу до несколько пониженной степени вытяжки (примерно на 7% ниже обычной). При этом наладка машины для текстурирования изменяется с таким расчетом, чтобы не оказывать влияния на свойства текстурированной нити. При испытании описываемого метода в производственных условиях удалось достичь значительного снижения обрывности.

Some Possibilities of Reduction of the Fiber Break Frequency in the Man-made Fiber Production

By partial integration of drawing and texturizing in the production of textured yarns the fiber break frequency was reduced without introducing new machinery. By the principle of "reduced drawing" the drawing degree on the drawing machine is slightly reduced (about 7% compared with normal) and the adaption of the machine is modified to avoid negative effects on the final product. In production tests the fiber break frequency was considerably lowered in drawing as well as in texturizing.

1. Einleitung und Problemstellung

Im Vordergrund der Textilproduktion steht die Forderung nach Steigerung der Erzeugnisqualität und der Produktivität des Prozesses. Als wesentliches Qualitätsmerkmal eines Textilerzeugnisses ist seine Gleichmäßigkeit zu werten, und zwar in technischer wie auch in repräsentativer Hinsicht. Es besteht ein unmittelbarer Zusammenhang zwischen der Produktgleichmäßigkeit und der Produktivität bei der Verarbeitung, indem aus der Überlagerung von Produktungleichmäßigkeit und Inkonstanz der Verarbeitungsbedingungen Fadenbrüche und damit Prozeßunterbrechungen resultieren. Besonders gravierend wirkt sich dieser Umstand bei Prozeßstufenkopplungen aus, die im allgemeinen zur Erhöhung der Produktivität angestrebt werden. Es liegen hier also zwei gegenläufige Einflüsse auf die Produktivität vor.

Im Bild 1 wird dieser prinzipielle Zusammenhang in stark vereinfachter Weise an den Prozeßstufen Spinnen, Recken und Texturieren gezeigt, auf die sich die vorliegende Thematik speziell bezieht. Es sind sechs Möglichkeiten dargestellt, vom Spinnprozeß ausgehend zu texturierten Fäden zu gelangen. An erster Stelle steht ein Beispiel für die maximale Prozeßstufenintegration: Innerhalb eines einzigen Prozesses werden die Stufen Spinnen, Recken und Texturieren durchlaufen. Die weiteren Beispiele betreffen verschiedene Möglichkeiten der Kopplung der Prozeßstufen Recken und Texturieren, wobei das Recken symbolisch durch eine Verjüngung und das Texturieren durch eine Wellenlinie ausgedrückt sind. In dem jeweils angefügten kleinen Zeigerdiagramm ist der technologische Weg angezeigt, auf dem der Reck- und der Texturiereffekt erzeugt werden. Die Möglichkeiten reichen von der total getrennten Durchführung der Prozesse — Beispiel 2 — bis zur völligen Ineinanderlagerung, wie dies im Beispiel 3 der Fall ist. Bei den darauffolgenden Beispielen handelt es sich um „Mittelwege".

In der Regel erfordert technologische Integration auch maschinentechnische, d. h., der Maschinenpark muß umgestaltet werden. In zwei Spalten ist die Integration unter diesem Aspekt charakterisiert worden, wobei durch ein Kreuz das Vorliegen der jeweiligen Integration angezeigt wird. Die eingangs angedeutete Problematik der gegenläufigen Einflüsse von Integration und Störungen in den Prozeßstufen, insbesondere durch Fadenbrüche, wird in der letzten Spalte in einem vereinfachten Ausdruck für den Produktionswirkungsgrad dargestellt. Im Falle des ersten Verfahrensbeispiels mit völliger technologischer und maschi-

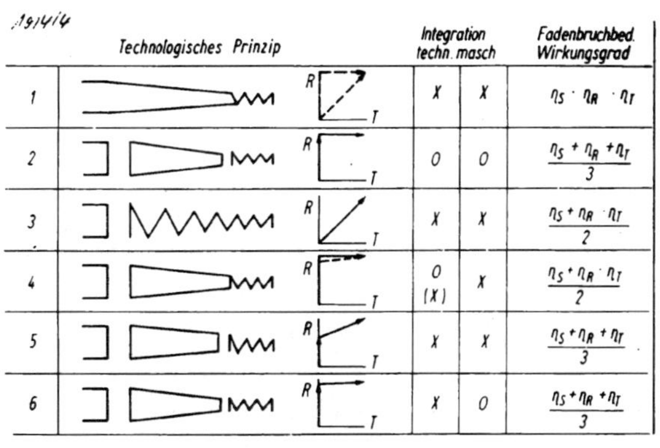

Bild 1. Prinzipielle Möglichkeiten der Prozeßstufenkopplung Spinnen — Recken — Texturieren

R = Recken, T = Texturieren
η_S = fadenbruchbedingter Wirkungsgrad beim Spinnen
η_R = fadenbruchbedingter Wirkungsgrad beim Recken
η_T = fadenbruchbedingter Wirkungsgrad beim Texturieren

[1)] Nach einem Vortrag, gehalten auf der XII. Textiltechnischen Tagung vom 16. bis 17. 11. 1973 in Dresden.

nentechnischer Integration ergibt sich aus der multiplikativen Kopplung der Einzelwirkungsgrade der im Vergleich zu den anderen Varianten geringste Gesamtwirkungsgrad.

Die Variante 2, der klassische Verfahrensweg mit Reckzwirnmaschine und Texturiermaschine, die sich üblicherweise in getrennten Betrieben befinden, ist bezüglich des Gesamtwirkungsgrades auf Grund der rein additiven Kopplung vom Prinzip her günstig einzuschätzen. Sein Wert hängt natürlich von der Höhe der Einzelwirkungsgrade ab, die es zu optimieren gilt.

Die neuerdings angestrebten oder auch schon eingeführten Prinzipien des Texturierreckens, bei dem gemäß Variante 3 der Reck- und Texturierprozeß ineinandergelagert sind, sowie des Recktexturierens gemäß Variante 4, bei dem zwar beide Prozesse auch auf einer Maschine, jedoch zeitlich nacheinander ablaufen, unterscheiden sich untereinander bezüglich des Gesamtwirkungsgrades nicht prinzipiell; sie sind diesbezüglich aber ungünstiger als die klassische Variante 2 einzustufen.

Günstiger ist die Variante 5, die das sogenannte Teilrecken charakterisiert, zu beurteilen, indem sie im Prinzip der Kopplung der Einzelwirkungsgrade dem klassischen Verfahren entspricht. Durch das Recken mit wesentlich niedrigerem Reckverhältnis als beim klassischen tritt jedoch eine quantitative Änderung des Einzelwirkungsgrades η_R ein. Der Reckprozeß wird nicht mehr im Bereich der Belastbarkeitsgrenze des Fadens, innerhalb dessen mehr oder weniger häufig Fadenbrüche auftreten, betrieben. Gerade zu dieser Verfahrensvariante sind eine Reihe von Zeitschriften- und Patentveröffentlichungen bekannt geworden [1 bis 10], die sich insbesondere mit der Verfahrensdurchführung und den damit im Zusammenhang stehenden Qualitätskennwerten der Texturseide beschäftigen. Allerdings erlaubt diese Variante nicht mehr die Beibehaltung des normalen Texturierprozesses, indem ein nennenswerter Anteil der Reckung in diesen verlagert wird. Hiervon wird neben der technologischen auch die maschinentechnische Seite speziell der Texturierung betroffen, so daß die entsprechende Spalte mit einem Kreuz zu versehen war. Dieses Kreuz fehlt dann bei der letzten Variante, welche wir als *Verfahren mit reduzierter Reckung* [11] bezeichnen. Hier wird zwar auch ein Teil der Reckung in den Texturierprozeß technologisch integriert, jedoch ist dieser so gering, daß die üblichen Verstelleinrichtungen an der Texturiermaschine ausreichen, um das Verfahren maschinentechnisch durchführen zu können. Damit bietet diese Variante prinzipiell als einzige den Vorteil, im Interesse der Fadenbruchsenkung mit vorhandenen klassischen Maschinen eine technologische Integration zu ermöglichen. Auf der Recktexturiermaschine kann natürlich gemäß Variante 4 gleichfalls mit einem reduzierten Reckverhältnis gegenüber dem normalen gearbeitet werden, was in dem zugehörigen Zeigerdiagramm durch eine entsprechende gestrichelte Linie angedeutet ist; jedoch macht sich der Einsatz eines neuen Maschinentyps erforderlich. Es ist außerdem darauf hinzuweisen, daß der Einsatz der Recktexturiermaschine lokal an den Spinnprozeß gebunden ist, da ein weiterer Transport der Spinnspulen praktisch nicht in Frage kommen dürfte.

2. *Experimentelle Untersuchungen*

2.1. *Textilphysikalische Kenngrößen*

Von den skizzierten Gedankengängen ausgehend, die zum Prinzip der Verfahrensweise mit reduzierter Reckung führten, galt es nun, dieses quantitativ zu untersuchen. Vor allem war zu klären, ob

1. die Fadenqualität im Bereich der reduzierten Reckung erhalten bleibt bzw. wie groß dieser Bereich gewählt werden kann, und ob

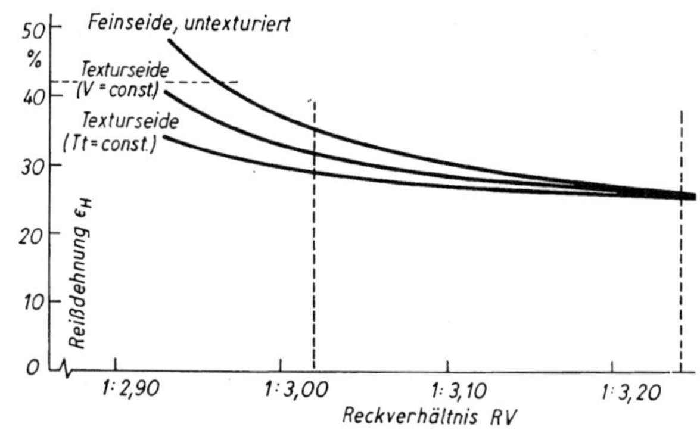

Bild 2. Abhängigkeit der Reißdehnung der untexturierten Feinseide und der Texturseide vom Reckverhältnis
V = Voreilung; Verhältnis der Ausgangs- zur Eingangsgeschwindigkeit des Fadens in der Texturierzone
Tt = Feinheit des texturierten Fadens

2. in diesem Bereich bereits die zu erwartende Fadenbruchsenkung und damit Hebung der Produktivität in nennenswertem Maße erzielbar ist.

Der ins Auge gefaßte und zu untersuchende Bereich sollte sich auf eine Reduzierung des Reckverhältnisses um 10% gegenüber dem normalerweise bei der jeweiligen Feinheit eingestellten erstrecken. Den ersten Versuchen wurde eine Polyamidseide der Feinheit 7,6 tex (18) zugrunde gelegt, die in der Regel für die Herstellung von Obertrikotagen Verwendung findet. Aus dem Bild 2 ist ersichtlich, daß die Reißdehnung — wie zu erwarten — ansteigt, und zwar von 27 auf nahezu 50% bei einer Reduzierung des Reckverhältnisses um 10%. Die nach dem für diese Seide gültigen Standard zulässige Reißdehnung von 42% wird bei einer Reduzierung um 8,5% erreicht. Hierzu muß bemerkt werden, daß es sich um ein Material mit im Vergleich zu anderen Provenienzen relativ niedriger Dehnung handelte und aus der Wertangabe nicht geschlußfolgert werden kann, daß mit um 8,5% reduziertem Reckverhältnis bezüglich der Dehnung unbedingt standardgerechte Seide herstellbar wäre.

Um wenigstens beim vorliegenden Material bezüglich der Reißdehnung innerhalb des normalen Bereiches zu bleiben und auch wegen der letztlich maßgebenden Texturseideneigenschaften wurde ein mit einer Strichlinie markiertes Reckverhältnis den später folgenden kleintechnischen Versuchen zugrunde gelegt, das nur 7% unter dem üblichen lag. Das Bild 2 zeigt ferner, daß sich mit der Reduzierung des Reckverhältnisses auch die Reißdehnung der Texturseide ändert, wobei als Parameter einmal die Voreilung an der Testuriermaschine, zum anderen die Feinheit der Texturseide konstantgehalten wurden. Insgesamt liegt die Reißdehnung der Texturseide — mit steigender Dehnung absolut und erlativ zunehmend — niedriger als diejenige der Ausgangsseide.

Bild 3 zeigt im oberen Diagramm nochmals die Abhängigkeit der Reißdehnung von der Reduzierung des Reckverhältnisses — hier im Bereich bis zu 5% Reduzierung, womit bei dieser Provenienz der Standard-Maximalwert der Reißdehnung erreicht wurde. Im Vergleich zu hochdehnbarer Texturseide (es wurden

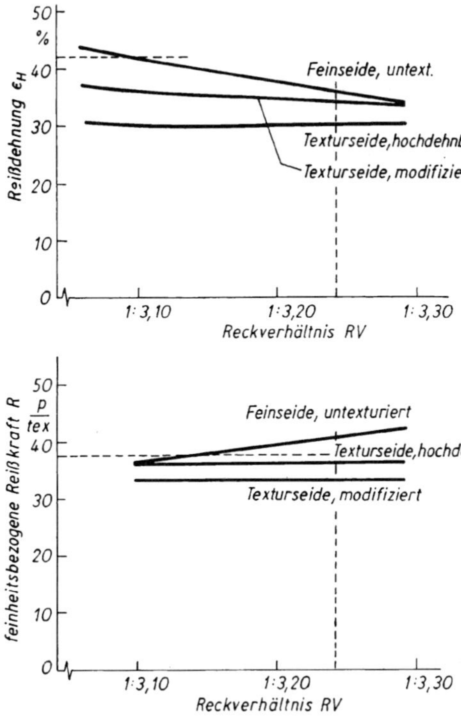

Bild 3. Abhängigkeit der Reißdehnung und der feinheitsbezogenen Reißkraft der untexturierten Feinseide und der Texturseide vom Reckverhältnis

durch variierte Voreilung Texturseiden konstanter Feinheit hergestellt) zeigt die durch eine Autoklavenbehandlung modifizierte Seide wie üblich höhere Dehnungswerte; allerdings wird die Dehnung der untexturierten Seide bei reduziertem Reckverhältnis auch hier nicht erreicht, was darauf hindeutet, daß der Texturierprozeß einen nennenswerten Beitrag zur Gesamt-Reckung geleistet hat.

Es scheint also die Tendenz zu bestehen, daß von der Provenienz her höher dehnbare Seiden durch die beim Texturieren erfolgende Rest-Reckung auf konstante Texturseidenfeinheit einen gewissen Ausgleich erfahren, indem die Dehnungsdifferenzen nach dem Texturieren geringer als zuvor sind.

Bei der Festigkeit, dargestellt als feinheitsbezogene Reißkraft R, besteht praktisch keine Abhängigkeit der in geeigneter Weise texturierten Seiden von der Reduzierung des Reckverhältnisses im untersuchten Bereich, wie das untere Diagramm zeigt. Dagegen weist die untexturierte Seide erwartungsgemäß einen Festigkeitsabfall auf. Bei einer Reduzierung des Reckverhältnisses um 5% wird bereits der für Normalseide geforderte Mindestwert der Festigkeit unterschritten.

Zusammenfassend ist also festzustellen, daß bereits bei einer Reduzierung des Reckverhältnisses um 5 bis 7% sowohl die geforderten Dehnungs- als auch Festigkeitswerte von der Ausgangsseide nicht mehr erreicht werden, während die Texturseiden praktisch keine Änderungen dieser Eigenschaften erfahren, wenn entsprechend dem vorgeschlagenen Verfahrensprinzip die Voreilung an der Texturiermaschine so eingestellt wird, daß eine konstante Texturfadenfeinheit erreicht wird.

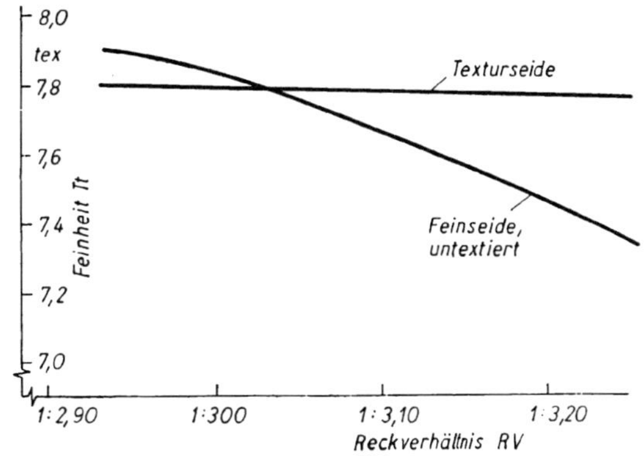

Bild 4. Abhängigkeit der Feinheit der untexturierten Feinseide und der Texturseide vom Reckverhältnis

Bild 4 zeigt, daß es im untersuchten Bereich mit bis zu 10% reduziertem Reckverhältnis mit einer praxisüblichen Texturiermaschine (Typ TK 300) gelingt, trotz stark unterschiedlicher Ausgangsfeinheiten eine konstante Texturseidenfeinheit zu erzielen. Im Normalfall liegt diese über der Feinheit der Ausgangsseide, im Falle der reduzierten Reckung nähern sich beide Feinheiten; sie können, wie der Schnittpunkt beider Kurven zeigt, sogar gleich sein. Den Feinheitswerten im Schnittpunkt lag hier eine Reduzierung des Reckverhältnisses um 6,5% zugrunde.

Auf die Kräuselkontraktion als wesentlichste spezifische Eigenschaft einer hochdehnbaren Texturseide nimmt eine Reduzierung des Reckverhältnisses im untersuchten Bereich praktisch keinen Einfluß, wie das Bild 5 zeigt. Dies gilt auch für nachträglich im Autoklaven modifizierte Seide. Unter der Voraussetzung einer geeigneten Texturiermaschineneinstellung gelingt es also, aus geringfügig reduziert gereckten Seiden Texturseiden mit textilphysikalisch gleichen Eigenschaften wie aus normal gereckten Seiden zu erzeugen.

2.2. *Fadenbeanspruchung im Prozeß*

Es stellt sich nun die Frage, ob bzw. in welchem Maße der beabsichtigte Effekt einer Reduzierung des Reckverhältnisses, eine Senkung der Fadenbruchhäufigkeit, tatsächlich eintritt. In diesem Zusammenhang interessieren zunächst die im Prozeß auftretenden Fadenspannungen und ihr Verhältnis zur Belastbarkeit, also Festigkeit des Fadens.

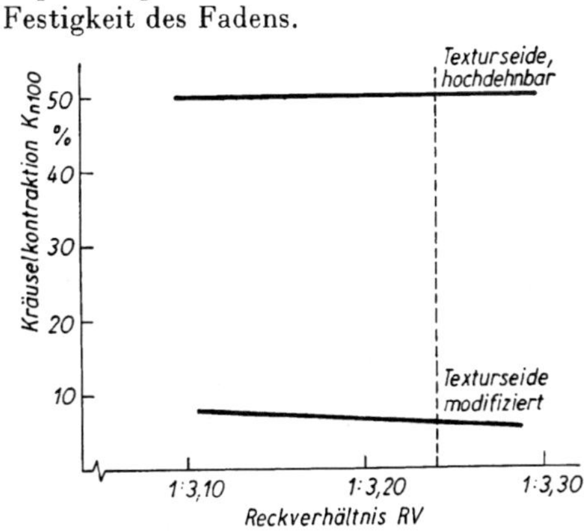

Bild 5. Abhängigkeit der Naßkontraktion bei 100°C der Texturseide vom Reckverhältnis

Tafel 1. Schema der Fadenbruchursachen

Überdehnung (Überschreiten der Bruch*dehnung*)		Überlastung (Überschreiten der Bruch*festigkeit*)	
a) im Dehnfeld mit *konstanter* Dehnung (z. B. Reckfeld) als Folge einer Änderung	Fadenzugkraft:	a) im Kraftfeld mit *konstanter* Kraft (z. B. Bremskraft) als Folge einer Änderung	Fadenzugkraft
— der Materialeigenschaften (verringerte Bruchdehnung bei konstanter Fadendicke)	Änderung unbestimmt	— der Materialeigenschaften (verringerte spezif. Festigkeit bei konstanter Fadendicke)	konstant
— der Fadendicke (verringert)	unbestimmt	— der Fadendicke (verringert bei konstanter spezif. Festigkeit)	konstant
— der „Dehnvorgeschichte" (verringerte Bruchdehnung bei verringerter Fadendicke infolge Vordehnung)	ansteigend		
b) im Dehnfeld mit *schwankender* Dehnung (z. B. Webmaschine mit Regulator) als Folge einer Änderung der äußeren Belastungsbedingungen	ansteigend	b) im Kraftfeld mit *schwankender* Kraft (z. B. Webmaschine mit Bremse) als Folge einer Änderung der äußeren Belastungsbed.	ansteigend
c) Überlagerung des Zusammenwirkens von Fall a) und b)	ansteigend (vorwiegend)	c) Zusammenwirken von Fall a) und b)	ansteigend (vorwiegend)

Bei einer Betrachtung der im Prinzip möglichen Fadenbruchursachen, die in einer Übersicht — Tafel 1 — zusammengestellt sind, fällt auf, daß zunächst zwei Belastungs-Grundtypen unterschieden werden müssen, weil sie sich von Ursache und Wirkung her wesentlich unterscheiden: Die „Überdehnung" und die „Überlastung".

Reißdehnung und Reißkraft stehen natürlich in einem bestimmten Zusammenhang zueinander, der aber nur für ein bestimmtes Fadenstück gilt. Sowohl die spezifische Reißkraft als auch die Reißdehnung können längs des Fadens Schwankungen aufweisen, wozu noch Dickenschwankungen kommen, so daß die absolute Reißkraft auch hierdurch beeinflußt wird.

Ohne auf weitere Einzelheiten einzugehen, soll der Tafel nur als wesentliche Folgerung entnommen werden, daß in der Chemieseidenherstellung, bei der hauptsächlich Dehnbelastungen zwischen mit unterschiedlichen Geschwindigkeiten betriebenen Lieferwalzen auftreten, die von der Polymerisation und der Extrusion her bestimmten Materialeigenschaften sowie der Einfluß unbeabsichtigter und schwankend vororientierend wirkender Dehnungen die maßgeblichsten Einflüsse auf das Fadenbruchgeschehen ausüben. Fadenzugkraftschwankungen als Reaktion auf Schwankungen der genannten Einflußgrößen können hierfür ein Indikator sein. Hingegen treten im Kraftfeld, in dem eine meist über Bremsen voreingestellte, annähernd konstante Kraft herrscht — Fall a), naturgemäß Fadenzugkraftschwankungen als Ausdruck von Belastungsschwankungen nicht auf, obwohl durchaus ungünstige Verhältnisse bezüglich des Fadenbruchgeschehens — und zwar auf Grund schwankender Materialeigenschaften oder Fadendicken — herrschen können.

Während bei Dehnbelastung der Fall a) häufiger als der Fall b) anzutreffen sein wird, weil konstante Dehnungen prinzipiell leichter realisierbar sind als konstante Kräfte, wird bei „Kraft"-Belastung der Fall b) überwiegen. Er ist typisch für kompliziertere Textilverarbeitungsprozesse, wobei auch Kombinationen von Dehn- und Kraftbelastungen nicht ausgeschlossen sind.

Es ist also in der Regel sinnvoll, die Herstellungs- und Verarbeitungsprozesse auf das Niveau und insbesondere die Schwankungen auftretender Fadenzugkräfte und zugleich der Fadendicke hin zu untersuchen, da sich hieraus Aufschlüsse bezüglich des Fadenbruchgeschehens ergeben können, aber — siehe Tafel 1 — nicht müssen.

Als besonders ergiebig auch in dieser Beziehung erscheint uns dabei eine von uns vorgeschlagene Methode [12], bei der die Fadenzugkraft und die Feinheit zugleich gemessen und auf einem Analogrechner zu einem der Fadenspannung äquivalenten Wert verarbeitet werden. Darüber hinaus sind weitere Rechenschritte zum Zweck von Korrelationsbetrachtungen zwischen den einzelnen Größen möglich.

Man kann auf diese Weise insbesondere Aussagen zu den Unterpunkten des Belastungsfalles a) machen und so zu einer Ursachenaufklärung von Unregelmäßigkeiten und letztlich auch Fadenbrüchen gelangen. Es ist nicht möglich, an dieser Stelle hierauf näher einzugehen. Anhand einiger Meßergebnisse soll nur ein kleiner Einblick in die angetroffenen Verhältnisse beim Reck- und beim Texturierprozeß, und zwar beim Normalprozeß und beim Verfahren mit reduzierter Reckung, gegeben werden.

Zur Aufnahme der Fadenzugkräfte diente unsere elektronische Fadenzugkraftmeßeinrichtung [13], deren Grenzfrequenz bei 400 Hz liegt, so daß auch bei den hohen Fadenlaufgeschwindigkeiten die Spitzen der Fadenzugkraft praktisch voll erfaßt wurden.

Zur Feinheitsmessung wurde unsere pneumatische Meßeinrichtung [14] mit einer Grenzfrequenz von 50 Hz eingesetzt, womit praktisch auch die zugehörigen Feinheitswerte mit entsprechender Genauigkeit gemessen werden konnten.

Bei dem nach Magnetband-Zwischenspeicherung eingesetzten Analogrechner zur Quotientenbildung Kraft/Feinheit handelte es sich gleichfalls nicht um ein handelsübliches Gerät.

Auf den Diagrammen des Bildes 6 sind die Zeitfunktionen der Fadenzugkraft, der Feinheit und der Fadenspannung vergleichsweise für den normal und den

Faserforschung und Textiltechnik 25 (1974) Heft 8
Zeitschrift für Polymerforschung

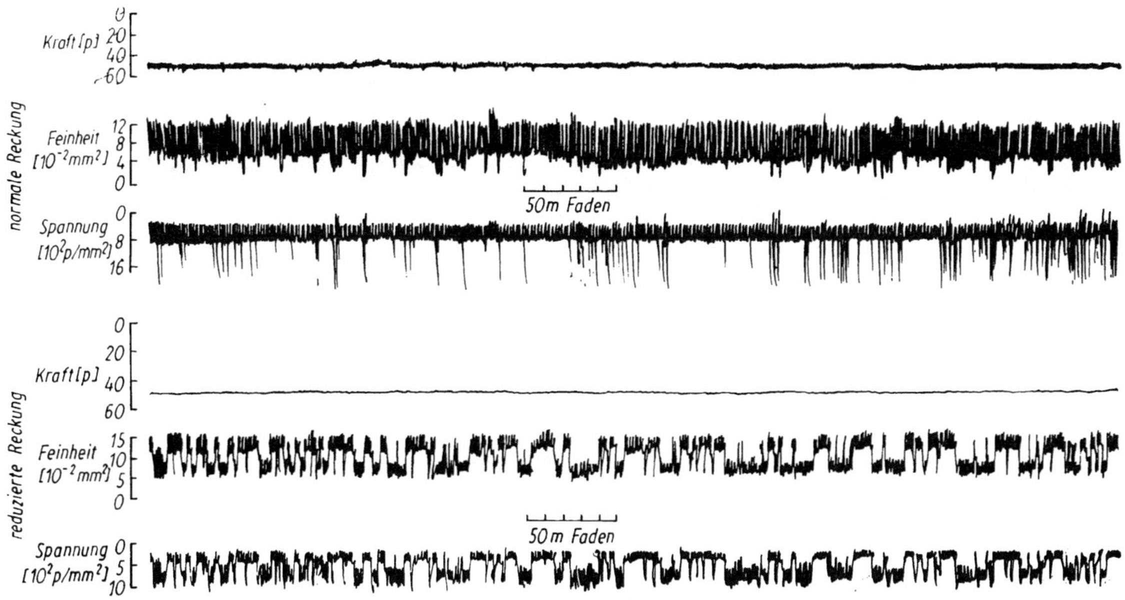

Bild 6. Zeitfunktionen der Fadenzugkraft, -feinheit und -spannung im Reckfeld bei normaler und reduzierter Reckung
Feinheit des ausgereckten PA-Fadens: 3,4 tex (10)
Reckverhältnis: normal 3,28 reduziert 3,04

mit reduziertem Reckverhältnis betriebenen Reckprozeß aufgezeichnet. Man kann daraus entnehmen, daß die Reduzierung des Reckverhältnisses (um 6,5%) zu einer kaum merklichen Reduzierung der Reckkraft führt, deren zeitlicher Verlauf aber wesentlich ausgeglichener ist. Grundsätzlich unterschiedliche Zeitverläufe zeigen die Kurven für die Feinheit, indem auch hier diejenige für die reduzierte Reckung ausgeglichener wirkt. Zu den Meßergebnissen ist zu bemerken, daß diese nicht uneingeschränkt die Fadenfeinheit als querschnittsabhängige Größe, sondern in erster Linie die Darbietungsbreite des Fadens gegenüber dem Meßsystem wiedergeben, so daß die hier vermerkte absolute Feinheitsangabe nur als Rechengröße zu werten ist.

In der Fadenspannung findet sich dann der Einfluß beider Größen überlagert. Da die Feinheitsschwankungen in beiden Fällen etwa gleich sind, ist die Reduzierung der Spannungsschwankungen und -spitzen bei Reduzierung des Reckverhältnisses — auf die Hälfte der Werte bei Normalbetrieb — auf eine entsprechende Reduzierung der Reckkraftschwankungen zurückzuführen. Dies kommt bei der Spannung, die für die Belastung des Fadens im Gegensatz zur Fadenzugkraft von Bedeutung ist, deutlicher zum Ausdruck als bei der Kraft selbst.

Über die Unregelmäßigkeit des Zugkraftverlaufes gibt im einzelnen das Autokorrelogramm — Bild 7 — Auskunft. Abgesehen von periodischen Schwankungen mit einer Frequenz, die Fadenlängen von etwa 2,5 m entspricht und damit dem Spinnspulenaufbau zugeordnet werden kann, klingt die Funktion relativ langsam im Vergleich zu derjenigen bei reduzierter Reckung — Bild 8 — ab. Daraus geht quantitativ die drastische Verringerung der quadratischen Streuung der Fadenzugkraft im Fall der reduzierten Reckung hervor.

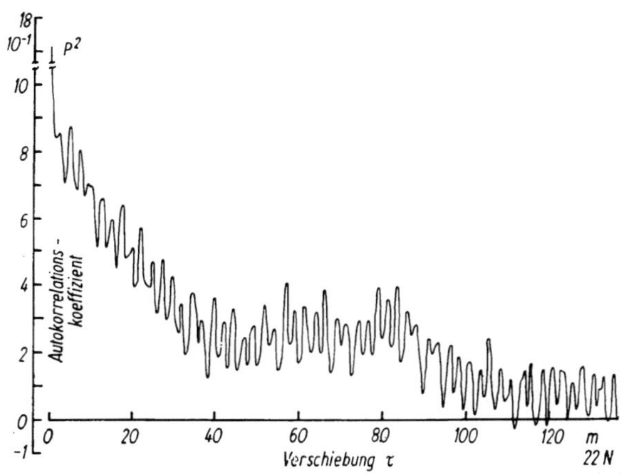

Bild 7. Autokorrelogramm der Fadenzugkraft im Reckfeld, normales Reckverhältnis (3,28)

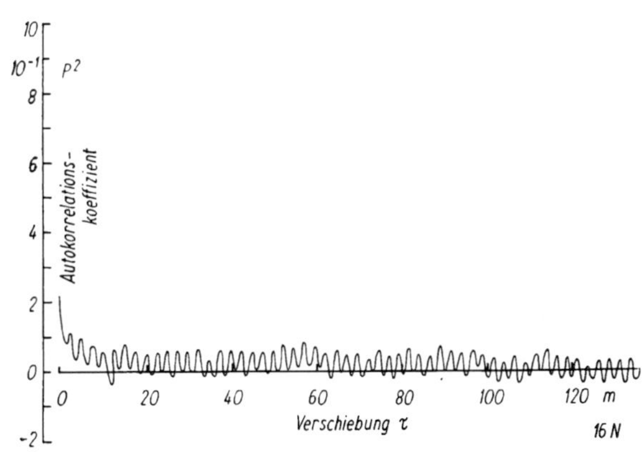

Bild 8. Autokorrelogramm der Fadenzugkraft im Reckfeld, reduziertes Reckverhältnis (3,04)

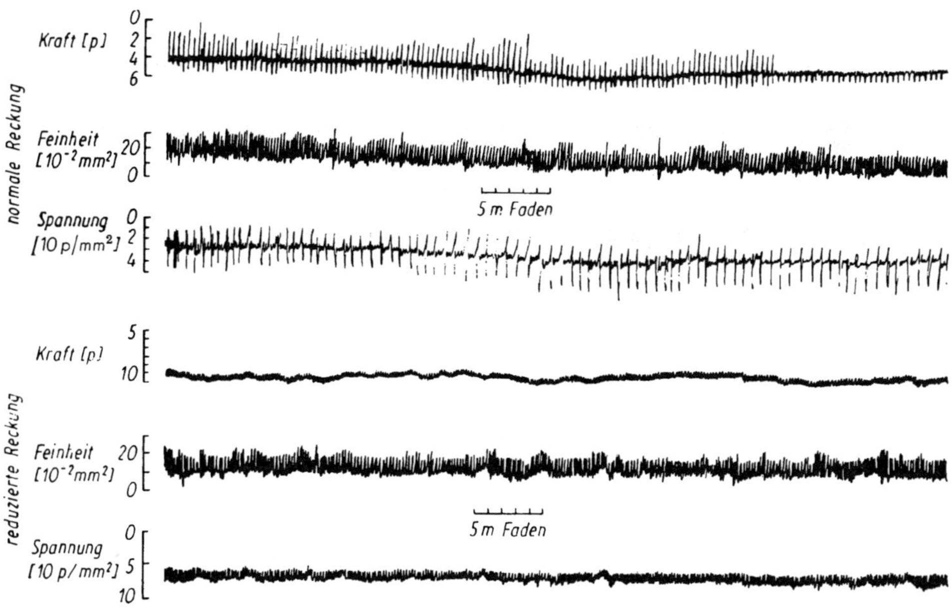

Bild 9. Zeitfunktionen der Fadenzugkraft, -feinheit und -spannung in der Texturierzone für normal und reduziert gereckte Fäden
Feinheit des ausgereckten PA-Fadens: 3,4 tex (10)
Reckverhältnis: normal 3,28 reduziert 3,04

Ähnliche Verhältnisse bezüglich einer Verminderung der Kraft- bzw. Fadenspannungsschwankungen fanden wir auch im nachfolgenden Prozeß der Texturierung vor (Bild 9). Gemessen wurde in der Texturierzone zwischen Heizkörper und Drallgeber an einer Maschine des Typs FK 4S. Bei weiterer Zeitraffung — Bild 10 — wird sichtbar, daß langperiodische Kraft- und Spannungsschwankungen auftreten, die den Lageenden des Reckkops zuzuordnen sind. Es handelt sich also um die sog. „Reckgirlanden", die sich demzufolge sogar bei den relativ geringen Zugkräften in der Texturierzone deutlich zeigen.

Einen Hinweis darauf, daß diese Schwankungen möglicherweise auch auf den Texturiereffekt Einfluß nehmen, gibt die Tatsache, daß sich auch bei den für die Feinheit registrierten Meßwerten entsprechende

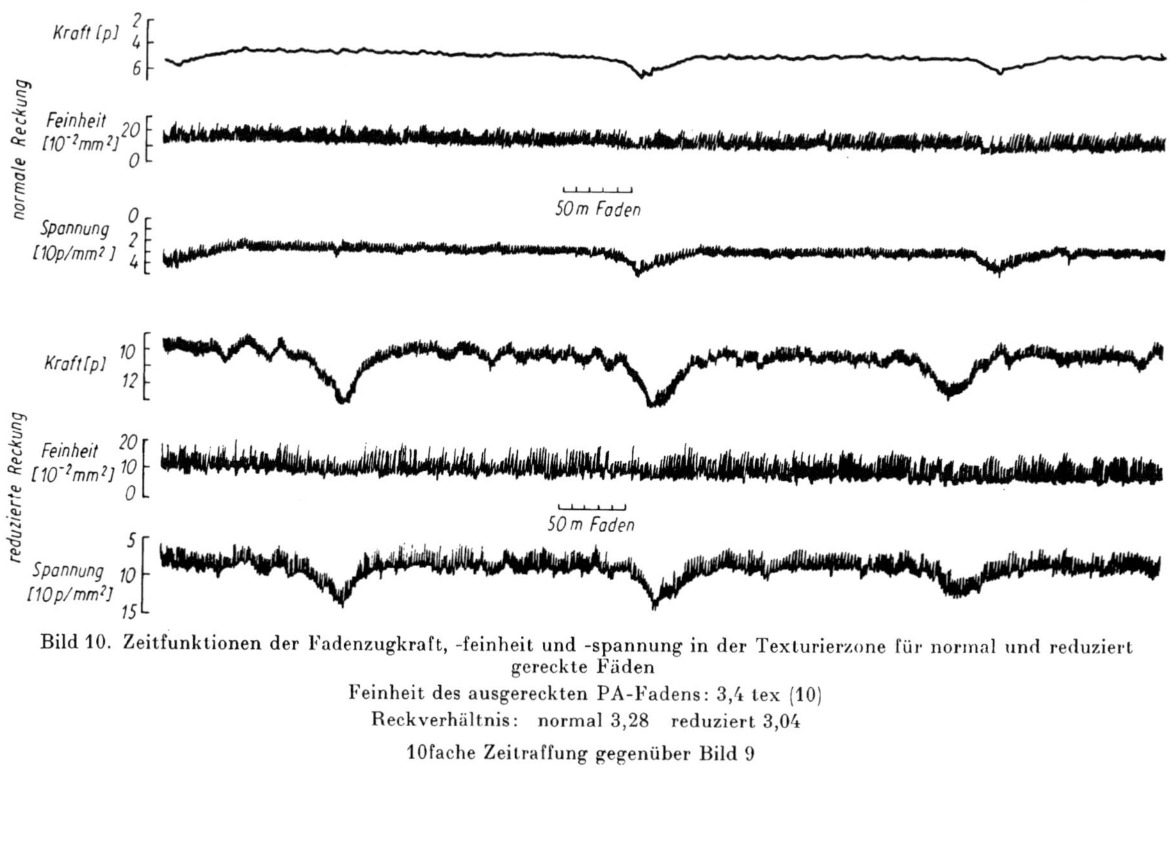

Bild 10. Zeitfunktionen der Fadenzugkraft, -feinheit und -spannung in der Texturierzone für normal und reduziert gereckte Fäden
Feinheit des ausgereckten PA-Fadens: 3,4 tex (10)
Reckverhältnis: normal 3,28 reduziert 3,04
10fache Zeitraffung gegenüber Bild 9

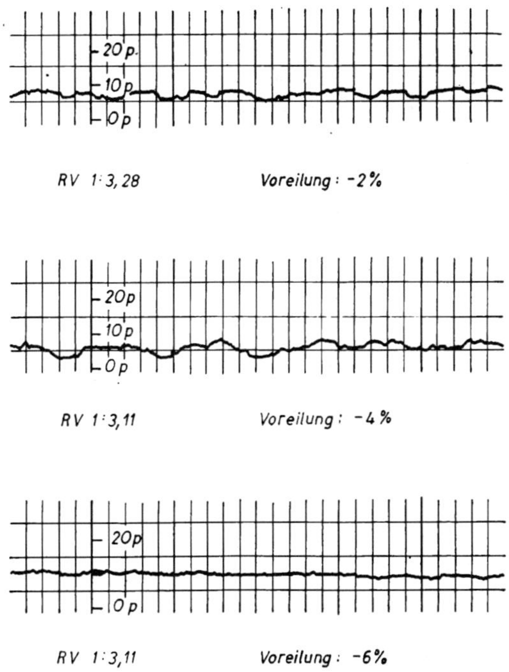

Bild 11. Zeitfunktionen der Fadenzugkraft in der Texturierzone für normal und reduziert gereckte Fäden bei verschiedener Voreilung
RV = Reckverhältnis

Schwankungen, wenn auch geringeren Ausmaßes, finden. Wie schon erwähnt, handelt es sich bei den Feinheitswerten in mm² um zum Teil rechnerisch ermittelte. Tatsächlich dürfte bei Messungen an Texturfäden der wirkliche Querschnitt auf Grund des pneumatischen Meßprinzips von einer mehr oder weniger großen Bauschigkeit des Fadens überlagert sein, so daß die angezeigten scheinbaren Feinheitsänderungen auf Änderungen der Bauschigkeit beruhen dürften.

Es erhebt sich nun die Frage, inwieweit die gemessenen Unterschiede der Fadenspannungen für ein evtl. unterschiedliches Fadenbruchverhalten überhaupt maßgebend sein können. Hierzu sei anhand weiterer Fadenzugkraftdiagramme (Bild 11) gezeigt, daß die an der Texturiermaschine notwendige Verstellung der Voreilung auf einen Wert, der zur Beibehaltung der im Normalfall erhaltenen Feinheit führt, eine Erhöhung der mittleren Fadenzugkraft mit sich bringt (Vergleich des oberen mit dem unteren Diagramm). Eine Verstellung der Voreilung auf gleichen Mittelwert der Kraft (mittleres Diagramm) führt noch nicht auf die gewünschte Endfeinheit. Bezüglich der Kraftschwankungen ist ein Unterschied zum Normalverfahren nicht festzustellen, wohingegen überraschenderweise bereits bei der relativ geringen Erhöhung der Voreilung und damit der Fadenzugkraft eine beachtenswerte Vergleichmäßigung des Fadenzugkraftverlaufes gegenüber dem Normalverfahren eintritt. Diese müßte sich letztlich in einer Verbesserung der Färbeegalität auswirken.

Im Hinblick auf die Fadenbelastung bzw. das Fadenbruchgeschehen sind die Kräfte und deren Schwankungen sowohl im Texturierprozeß als auch im vorgelagerten Reckprozeß bei beiden Verfahrensweisen als unkritisch in Anbetracht der wesentlich höheren Reißkraft anzusehen. Beim Reckprozeß beträgt die Belastung nur etwa 30% der Reißkraft; beim Texturierprozeß ist eine entsprechende quantitative Angabe auf Grund der Fadenerwärmung schwierig, jedoch schätzen wir ein, daß auch hier nicht die Veränderung des Verhältnisses der summarischen Fadenbelastung zur summarischen Fadenfestigkeit bei veränderter Verfahrensweise bedeutungsvoll im Hinblick auf das Fadenbruchverhalten sein kann. Das heißt, daß die am multifilen Faden gemessenen summarischen Zugkräfte und ihre Schwankungen in beiden vorliegenden Fällen nicht unmittelbar von Einfluß auf die Fadenbruchhäufigkeit sein können.

Die Tatsache, daß bei einem gemeinsam mit dem VEB Chemiefaserkombinat Schwarza (Werk Schwarza) und dem VEB Strumpfkombinat ESDA (Werk Auerbach) durchgeführten industriellen Großversuch sowohl beim Recken als auch beim Texturieren das Verfahren mit reduzierter Reckung zu einer Senkung der Fadenbruchzahl auf etwa die Hälfte der im Normalverfahren üblichen — bei voller Erhaltung der Erzeugniseigenschaften im Feinstrumpfsektor — führte, muß demzufolge anders erklärt werden.

3. *Schlußfolgerungen zum Fadenbruchverhalten*

Nach unserer Ansicht ist das Fadenbruchverhalten in erster Linie nicht auf die Streuung der summarischen, d. h. aus den Elementarfadeneigenschaften integrierten Eigenschaften *längs* des multifilen Fadens, sondern auf dieStreuung der einzelnen Elementarfäden *untereinander* zurückzuführen, die nicht im einzelnen in Phase mit den summarischen Eigenschaften streuen.

Innerhalb eines kleinen Fadenabschnittes müssen also offenbar wesentlich größere Streuungen zwischen den Eigenschaften einzelner Elementarfäden vorliegen, als sie sich zwischen benachbarten Multifilfadenabschnitten gezeigt haben. Einzelne Elementarfäden weisen — da es sich um Dehnbelastungen handelt — eine geringere „Reserve gegen Überdehnung" als andere auf; sie brechen, wohingegen die im Querschnitt benachbarten Elementarfäden noch intakt sind und der Fadenlauf nicht unterbrochen wird. Als Ursache für derartige Elementarfadenbrüche kommen nur Schwankungen der Materialeigenschaften, wie sie im Fall a) der schematischen Übersicht (Tafel 1) angeführt wurden, in Frage. Sie dürften in erster Linie durch vom Rohstoff oder von der Spinn-Vorgeschichte herrührenden Inhomogenitäten bedingt sein.

Schwankende Bedingungen hinsichtlich einer Vordehnung oder auch der Dehnung während des Verarbeitungsprozesses scheiden als Ursache hierfür aus, da sie den Gesamtquerschnitt des multifilen Fadens betreffen.

Eine Milderung der Prozeßbedingungen — im Falle der reduzierten Reckung — kann also durchaus zu einer Verminderung der Elementarfadenbruchzahl führen, weil die gefährdetsten Elementarfäden im Querschnitt bezüglich ihrer Dehnreserve weniger in Anspruch genommen werden. Dies muß sich infolge des Integrationseffektes über den Fadenquerschnitt und wegen der endlichen Länge des Dehnfeldes auch über die Fadenlänge durch Fadenzugkraftmessungen quantitativ und qualitativ nicht nachweisen lassen.

Der Gesamtfadenbruch auf der Maschine ist dann ein Sekundäreffekt eines zeitlich vorgelagerten Elementarfadenbruches.

Dabei ist es durchaus möglich, daß der Gesamtfadenbruch nicht bereits in derjenigen Prozeßstufe erfolgt, in der der Elementarfadenbruch vorliegt bzw. erzeugt wird. Gesamtfadenbrüche können vielmehr auf Grund besonderer oberflächenmechanischer Bedingungen sogar zu einem beachtlichen Anteil erst in der nachfolgenden Prozeßstufe auftreten. Auf diese Weise erklären wir die zunächst überraschende Tatsache, daß trotz leichter Erhöhung der Fadenbelastung im Texturierprozeß auch dort die Fadenbruchhäufigkeit — und zwar in quantitativ gleichem Ausmaß wie beim Reckprozeß — *sinkt*, wenn mit reduziertem Reckverhältnis gearbeitet wird.

4. Zusammenfassung

Ausgehend von einer systematischen Übersicht über technologische Prinzipien der Prozeßstufenkopplung beim Herstellen von Texturseiden unter dem Aspekt der Produktionsstörung durch Fadenbrüche wird das verfolgte Ziel erläutert, eine technologische Prozeßstufen-Teilintegration zur Fadenbruchsenkung ohne maschinentechnische Integration zu erreichen, indem sowohl die klassische Reckmaschine als auch die üblichen Falschdraht-Texturiermaschinen beibehalten und lediglich technologische Einstellparameter geändert werden. Im wesentlichen wird das Reckverhältnis gegenüber dem normalen geringfügig reduziert und an der Texturiermaschine die Voreilung so verändert, daß die Texturseideneigenschaften nicht negativ beeinflußt werden.

Die textilphysikalischen Werte der Seide und der Texturseide im Bereich geringfügig reduzierter Reckverhältnisse (bis zu 10% gegenüber dem normalen) werden am Beispiel von DEDERON-Feinseide dargestellt und mit den Werten der Normaltechnologie verglichen. Hieraus geht hervor, daß eine Reduzierung des Reckverhältnisses um 7% — dieses liegt dann in der Regel oberhalb von 3,00 — nicht überschritten werden darf, wenn auf üblichen Texturiermaschinen die gewohnten Texturseideneigenschaften erhalten werden sollen.

In labor- und kleintechnischen Versuchen konnte festgestellt werden, daß auch das färberische Verhalten nicht beeinträchtigt wird und die beabsichtigte Senkung der Fadenbruchhäufigkeit beim Recken und beim Texturieren ein beachtliches Ausmaß erreicht, das im industriellen Großversuch Bestätigung fand.

Abschließend möchten wir den Mitarbeitern des Wissenschaftlich-Technischen Zentrums Trikotagen und Strümpfe, Abt. Texturierung, Karl-Marx-Stadt, für die Mithilfe bei der Durchführung kleintechnischer Versuche, Herrn Dr. *Martin* und den Mitarbeiterinnen der Abt. Textilprüfung des Institutes für Technologie der Fasern, Dresden, für die Prüfung des umfangreichen Versuchsmaterials und unserem Kollegen, Herrn Dr. *Schauer*, für die Beteiligung an der Vorbereitung, Durchführung und Auswertung des industriellen Großversuchs herzlich danken.

Dem VEB Chemiefaserkombinat „Wilhelm Pieck“ Schwarza, Stammbetrieb Schwarza, und dem VEB Strumpfkombinat ESDA, Werk Auerbach, wird für die fruchtbringende Zusammenarbeit bei der Durchführung von Industrieversuchen gedankt.

Literatur

[1] *Mey, W.:* Einfluß des Verstreckungsgrades von PAS auf die Eigenschaften des Kräuselgarnes. Dt. Textiltechnik **17** (1967) 7, S. 436—442.
[2] *Ollenik, J.:* Untersuchungen der Zusammenhänge zwischen dem Verstreckungsgrad und der Texturierbarkeit von Polyamidseide 6 bei Anwendung der Falschdrahttexturierung. Dt. Textiltechnik **21** (1971) 9, S. 584—587.
[3] *Martin, W.:* Beeinflussung der Elastizität von texturierten Garnen und ihren Fertigprodukten durch die Substanz, den Texturierungsprozeß und die Weiterverarbeitung. Chemiefasern **20** (1970) 9, S. 740—748.
[4] *Wegener, W.*, und *Jammers, H.-G.:* Veränderungen der Materialeigenschaften von Polyamid-6-Garnen durch die Texturierung nach dem Falschdrahtzwirnprozeß. Chemiefasern **18** (1968) 1, S. 61—64.
[5] Verfahren zur Herstellung von Kräuselfäden aus thermoplastischen synthetischen Fäden. DLP 39288.
[6] CSP 111671.
[7] GRP 604234.
[8] FRP 1263090.
[9] OEP 202690.
[10] GRP 777625.
[11] Verfahren zur Herstellung von texturierten Syntheseseiden. DLP 104328.
[12] Verfahren und Vorrichtung zur Bestimmung der Ungleichmäßigkeit von Textilfäden. DLP 92141.
[13] *Barthel, R.*, *Höhne, G.*, und *Schauer, G.:* Schwingungs- und Fadenzugkraftmessung mit dem Gerät SFM. Dt. Textiltechnik **12** (1962) 4, S. 206—214.
[14] *Beyreuther, R.:* Untersuchung des pneumatischen Freistrahlprinzips zur Messung bzw. Regelung der Feinheit von Chemieseiden im technologischen Prozeß. Faserforsch. u. Textiltechnik **23** (1972) S. 457—465.

Eingegangen am 26. April 1974

Faserforschung und Textiltechnik 25 (1974) Heft 8
Zeitschrift für Polymerforschung

Über ein neues Haftvermittlersystem für den Einsatz bei glasseidenverstärkten Plasten

Gottfried Wiedemann, Horst Frenzel*, Ursula Renner* und Bernd Preißler***

**Akademie der Wissenschaften der DDR, Institut für Technologie der Fasern in Dresden*

***VEB Glasseidenwerk Oschatz*

DK 677.521:678.5/.6:678.046.36:539.61:546.281

Bei anorganisch-organischen Verbundwerkstoffen sind für das Erreichen optimaler Bindungsverhältnisse an der Grenzfläche besondere Haftvermittler auf Basis organofunktioneller Silane notwendig. Diese Silan-Haftvermittler reagieren sowohl mit der organischen Komponente, z. B. dem Duroplast, als auch mit der anorganischen Komponente, dem Glasfaserstoff, und bewirken eine Verbesserung der mechanischen und elektrischen Kennwerte der Verbundwerkstoffe. Bisherige Unzulänglichkeiten veranlaßten zu der Entwicklung eines neuen Haftvermittlersystems mit universeller Wirksamkeit für alle wichtigen Duroplaste und verbesserter Benetzbarkeit des Glasfaserstoffes durch das polymere Bindemittel

О новых адгезионных составах для стеклопластиков

В случае пластматериалов с неорганическим наполнителем с целью достижения оптимальной адгезии между компонентами необходимо применять специальные связующие на основе органосиланов. Последние взаимодействуют как с органическим компонентом, например, реактопластом, так и с неорганическим (стекловолокном) и приводят к улучшению механических и электрических показателей стеклопластиков. Недостатки существующих адгезионных систем вызвали необходимость разработки новой универсальной системы для важнейших реактопластов с улучшенной смачиваемостью стекловолокна полимерным связующим.

A New Adhesive System for Glass Filament Reinforced Plastics

In inorganic-organic composites optimum adhesion at the interfaces requires special adhesives on the basis organofunctional silanes, which react with the organic component, as duroplasts, as well as with the inorganic component, as glass fibres, and lead to an improvement of mechanic and electric properties of the composite. Hitherto existing shortcomings led to the development of a new adhesive system of universal effectiveness for all important kinds of duroplast and ameliorated wettability of glass fibres by the polymeric binder.

1. Einleitung

Bei Werkstoffkombinationen spielen neben den Eigenschaften der verwendeten Komponenten die Wechselwirkungsmechanismen an den Phasengrenzen eine besondere Rolle, insbesondere dann, wenn es sich um die Vereinigung unterschiedlicher Stoffsysteme handelt.

Dies gilt im besonderen Maße für anorganisch-organische Verbunde vom Typ der glasseidenverstärkten Polymerwerkstoffe.

Der Glasfaserstoff selbst besitzt keinerlei organophile Gruppen sowie eine Diffusionsvorgängen unzugängliche Struktur. Aus diesem Grunde ergeben sich beim Herstellen von Verbunden der genannten Art Grenzflächenprobleme.

Aufgabe der Textilveredlung ist es, optimale Faserstoff/Harz-Bindungsverhältnisse mit Hilfe von Haftvermittlern zu schaffen, die eine maximale Werkstoffausnutzung sicherstellen. Die Haftvermittler müssen einen bifunktionellen Charakter besitzen, d. h. sie müssen zum einen mit der Glasoberfläche und zum anderen mit dem organischen Polymeren feste und beständige Bindungen ausbilden. Hilfsmittel, die diese Voraussetzungen erfüllen, sind in der Hauptsache die organofunktionellen Alkoxysilane, siehe hierzu auch [1, 2, 3].

2. Kurzer Überblick über die Wirkungsweise von Silanhaftmitteln

Die genannten Silane bestehen aus der organofunktionellen Gruppe, die spezifisch mit dem entsprechenden Polymerbindemittel reagieren kann. Sie besitzen ferner hydrolysierbare, in der Hauptsache Alkoxygruppen, die in wäßriger Lösung durch Hydroxylgruppen ersetzt werden; letztere können mit der Glasoberfläche in Wechselwirkung treten.

Die Hydrolysegeschwindigkeit der Silane hängt von der organischen Gruppe am Siliciumatom, der Temperatur und dem pH-Wert der Lösung ab.

Bei der Hydrolyse wird in nucleophiler Reaktion die Alkoxygruppe durch eine Hydroxylgruppe ersetzt. In Bild 1 ist die Hydrolyse eines Trialkoxysilans schematisch dargestellt. Die Hydrolyse kann durch pH-Wert-Erhöhung, z. B. durch Zugabe von Aminen, beschleunigt werden. Aus diesem Grunde katalysieren wegen ihres basischen Charakters die aminofunktionellen Silane ihre Hydrolyse selbst. Die durch die Hydrolyse entstandenen Silanole kondensieren im Laufe der Zeit unter Wasseraustritt zu Siloxanen, deren Molekülgröße von dem Silan selbst und von den Reaktionsbedingungen abhängt.

Es bestehen also zwei Grenzflächen, von denen sich die eine zwischen dem Haftvermittler und dem organischen Polymeren befindet. Für die einzelnen Polymer-

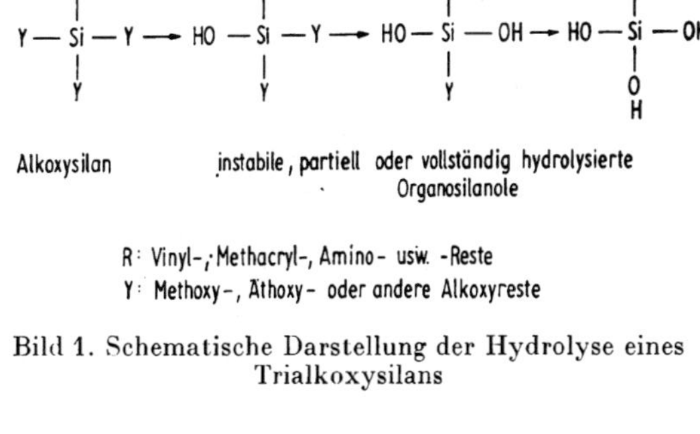

Bild 1. Schematische Darstellung der Hydrolyse eines Trialkoxysilans

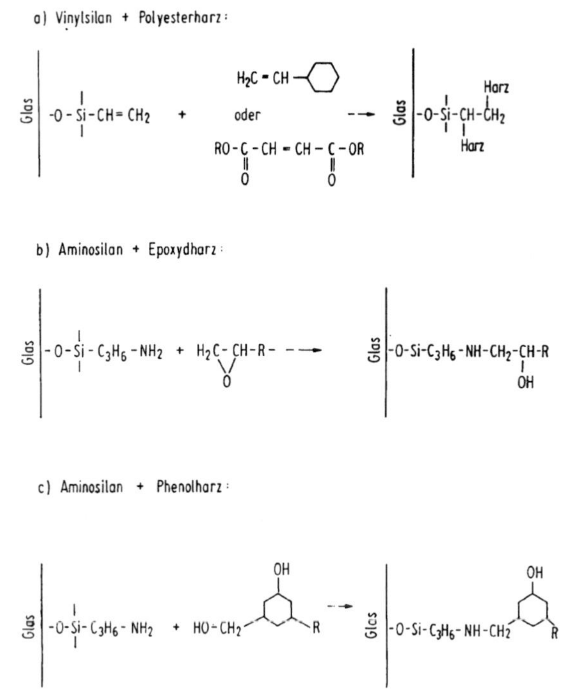

Bild 2. Reaktion von Silan-Haftvermittlern mit Duroplasten

typen werden spezielle organofunktionelle Silane, z. B. Vinyl-, Methacryl-, Amino, Epoxy- oder Mercaptosilane eingesetzt.

Diese funktionellen Gruppen reagieren mit den reaktionsfähigen Gruppen des Polymeren, wie in Bild 2 am Beispiel von Duroplasten gezeigt wird.

Bei den Epoxy- und Phenolharzen wirkt die Aminogruppe des Haftvermittlers gleichzeitig als Polymerisationsanreger, wodurch es zu einer bevorzugten Polymermodifizierung im Grenzflächenbereich, z. B. Härtung, Erhöhung der Vernetzungsdichte, kommt. Die chemische Reaktion zwischen Silan und Polymerem wurde vor allem durch Herstellen der Copolymere Silan/Polymeres bewiesen, wobei als Nachweismethode u. a. die IR-Spektroskopie diente [4, 5]. Auch durch Vergleich der Q-ε-Copolymerisationsparameter läßt sich voraussagen, daß z. B. die ungesättigten Gruppen des Polyesterharzes mit den Vinyl- und insbesondere den Methacrylgruppen des Silans copolymerisieren können [6].

Um die Wechselbeziehungen, die die Silanhaftvermittler mit der Glasseide eingehen, verstehen zu können, muß zunächst der chemische Charakter der Glasseidenoberfläche beleuchtet werden.

Die an der Oberfläche befindlichen SiO_4-Tetraeder der Glasstruktur sind ungesättigt. Die freien Valenzen sind bestrebt, sich abzusättigen, was durch Adsorption von Feuchte aus der Atmosphäre unter Bildung von Silanolgruppen vonstatten geht. Durch Infrarot- und Kernresonanzspektroskopie konnte nachgewiesen werden, daß z. B. auf Silicagel, das meist als Modellsubstanz dient, drei Arten von OH-Gruppen vorhanden sind [7]: Isolierte OH-Gruppen, isolierte paarige OH-Gruppen und nichtisolierte OH-Gruppen, die je nach

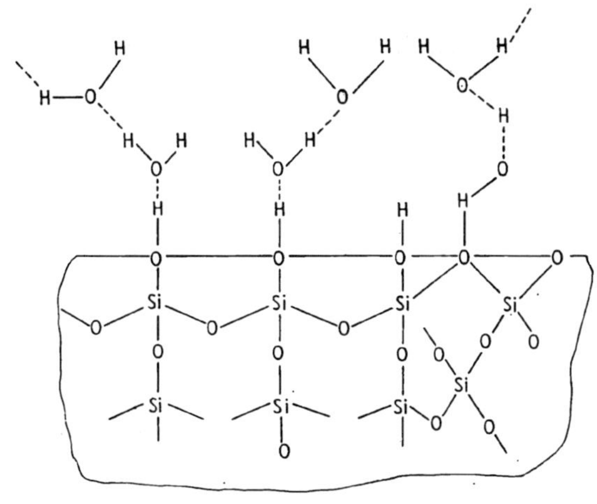

Bild 3. Adsorption von Wasser an Glasoberflächen

Abstand voneinander durch mehr oder weniger starke Wasserstoffbrücken verbunden sind.

Die an der Oberfläche befindlichen Hydroxylgruppen sind fähig, Elektronendonatoren, z. B. Wasser, über Wasserstoffbrücken und Moleküle mit Doppelbindungen, z. B. Benzol, durch Wechselwirkung mit den π-Elektronen zu adsorbieren.

In Bild 3 wird die Adsorption von Wasser an den Oberflächenhydroxylen dargestellt.

Es ist noch zu berücksichtigen, daß bei der E-Glasseide neben den Silanolgruppen an der Oberfläche auch AlOH-, BOH-, MgOH- und CaOH-Gruppen vorliegen, die ebenfalls Adsorptionszentren darstellen. Es wurde z. B. festgestellt, daß bei B_2O_3-haltigen Gläsern weniger die SiOH- als vielmehr die BOH-Gruppen für die Wasseradsorption verantwortlich sind [8]. Die Glasseide selbst ist stets mit einem Wasser„film" überzogen, da die Oberflächenspannung des Glases größer ist als die des Wassers, weshalb die Adsorption des Wassers durch Glas unter Energiegewinn abläuft. Es handelt sich dabei um physikalisch adsorbiertes Wasser über *van der Waals*sche Kräfte und Wasserstoffbrücken sowie um chemisorbiertes Wasser in Form von SiOH-Gruppen, das bei höherer Temperatur abgegeben wird.

Über die Art der Bindung der Silane mit der Glasseidenoberfläche ist eine große Anzahl von Untersuchungen durchgeführt worden, wobei die Meinungen unterschiedlich sind. Der weitaus größte Teil der Autoren ist der Ansicht, daß zwischen dem Silan und der Glasseide chemische Bindungen bestehen. Gestützt wurde diese These mit Hilfe IR-spektroskopischer Untersuchungen von Glasseide bzw. von Modellsubstanzen, z. B. [9, 10] sowie der Raman-Spektroskopie silanbehandelter Glasseide [11]. Danach reagieren die aus den Alkoxysilanen durch Hydrolyse entstandenen Silanole mit den freien Oberflächen-Hydroxylgruppen unter Wasserabspaltung und Bildung von Si—O—Si-Bindungen.

Durch gleichzeitige Kondensation der Silanole untereinander bildet sich auf der Glasseidenoberfläche ein unregelmäßiger polymerer Überzug in Form einer Mehrschichtbedeckung, wie die Ergebnisse von Adsorptionsuntersuchungen und elektronenmikroskopische Aufnahmen zeigten [12, 13]. Neben der chemischen

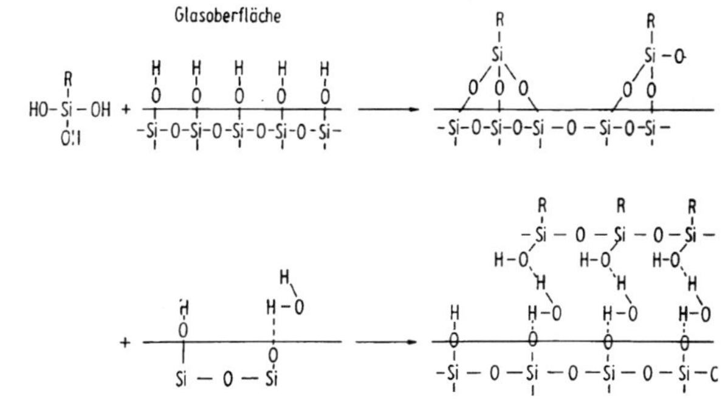

Bild 4. Bindung eines Silanols an die Glasseidenoberfläche

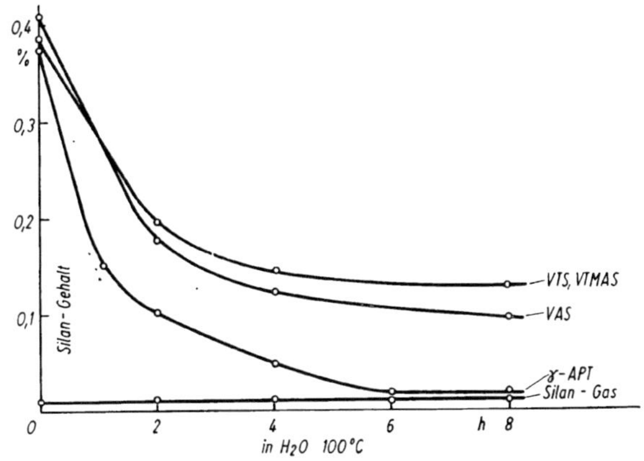

Bild 5. Desorption von Silan-Haftvermittlern von E-Glasseide

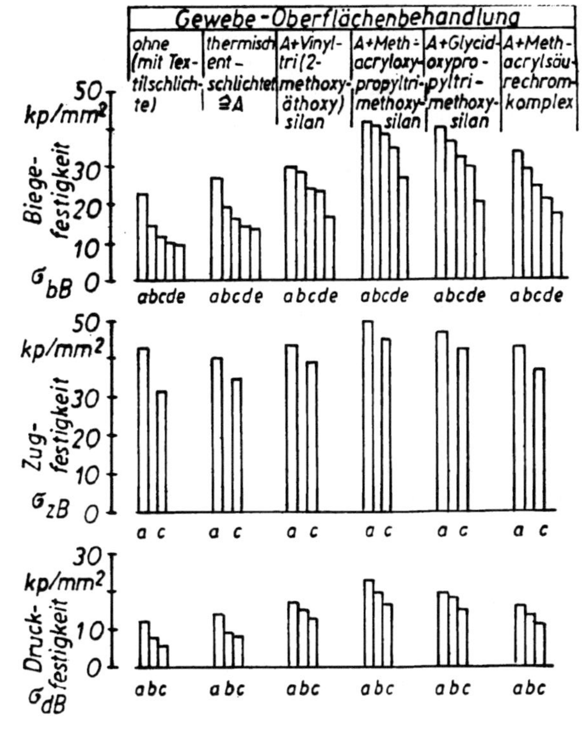

Bild 6. Grenzflächenverhalten Glasseide—Polyesterharz

a: trocken b: 2 h H_2O 100°C c: 8 h H_2O 100°C d: 16 h H_2O 100°C e: 64 h H_2O 100°C

Bindung spielen Wasserstoffbrückenbindungen zwischen den Silanolen und den Oberflächenhydroxylen bzw. dem adsorbierten Wasser eine Rolle. Das Schema (Bild 4) zeigt die Bindung eines Silanols an die Glasseidenoberfläche.

Einen Hinweis auf die starke Bindung der Silane an die Glasseidenoberfläche erbrachten Desorptionsuntersuchungen an haftmittelbehandelter Glasseide, Bild 5. Hieraus geht hervor, daß der größte Teil der organofunktionellen Silane bei Kochwasserbehandlungen abgelöst wird, jedoch Silanmengen in der Größenordnung einer Monoschichtbedeckung auf der Glasseidenoberfläche verbleiben [14]. Diese Ergebnisse wurden durch Randwinkelmessungen qualitativ bestätigt. Es kann aus den Untersuchungsergebnissen gefolgert werden, daß Silanbedeckungen im Monoschichtbereich mittels kovalenter Bindungen auf der Glasseidenoberfläche chemisorbiert werden.

3. Zur Eigenschaftsauswirkung von Haftmitteln

Aus dem bisher Dargelegten läßt sich folgern, daß der Zustand der Grenzfläche bei glasseidenverstärkten Polymerwerkstoffen bzw. die Art der Grenzflächenbehandlung einen mehr oder weniger bestimmenden Einfluß auf den gesamten Komplex der Verbundwerkstoffeigenschaften ausübt. Zur Charakterisierung der Eigenschaftsauswirkungen von Haftmittelbehandlungen werden Haft-, Biege-, Druck- bzw. Scherfestigkeiten von Verbunden unter trockenen und nassen Bedingungen ermittelt, woraus eine integrale Bewertung des Grenzflächeneinflusses folgt, siehe hierzu das Bild 6.

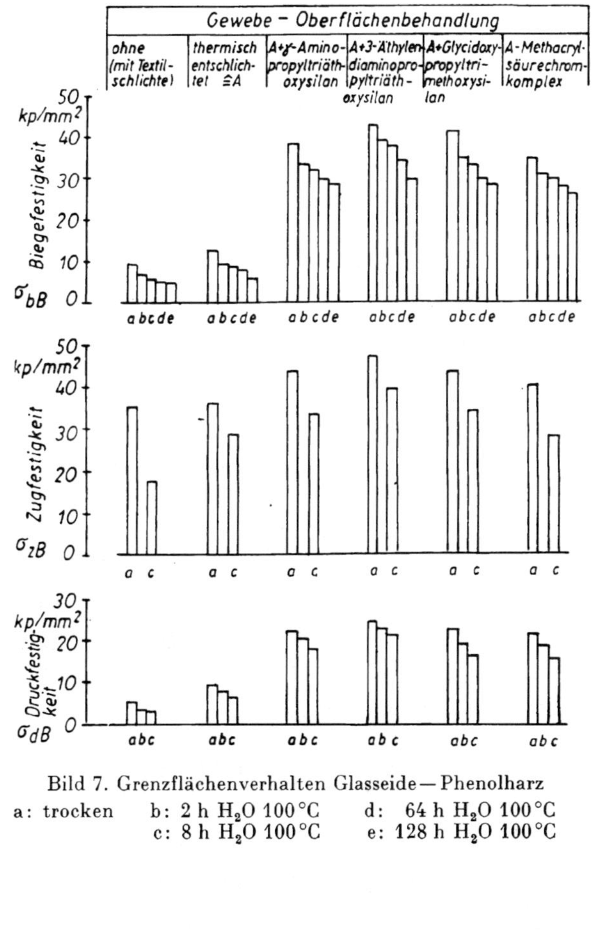

Bild 7. Grenzflächenverhalten Glasseide—Phenolharz

a: trocken b: 2 h H_2O 100°C c: 8 h H_2O 100°C d: 64 h H_2O 100°C e: 128 h H_2O 100°C

Faserforschung und Textiltechnik 25 (1974) Heft 8
Zeitschrift für Polymerforschung

Aus dieser Darstellung, die für Polyesterharzverbunde gilt, geht insbesondere die Wirkung von Vinyl-, Methacryl- und Epoxysilanen gegenüber nicht haftmittelmodifizierten Glasseiden hervor und zeigt, daß durch Silanbehandlungen die Kurzzeitbiege- und die Druckbeanspruchbarkeit mit dem Faktor 2 angehoben werden. Selbst nach langzeitigen Wasserlagerungen, gewählt als Repräsentanz extremer Alterungseinflüsse, liegen diese Eigenschaftskennwerte infolge der Silanveredlung noch höher als die Ausgangswerte ohne Glasseidenmodifizierung. Höchste Festigkeiten erbringt jeweils eine Methacrylsilanveredlung, weshalb bislang diese Verbindung als Optimalhaftmittel für den Polyesterharzeinsatz angesprochen wird.

Analog aufgebaute Untersuchungen (Bild 7) lassen erkennen, daß bei Phenolharzbindemitteln Amino- und Epoxysilane die Biege- und Druckfestigkeiten mit dem Faktor 4 steigern, wobei Silane mit mehreren Aminogruppen als Optimalvertreter hierfür angesehen werden.

Durch die gezielte Glasseidenveredlung werden nicht nur die Biege- und Druckfestigkeiten, sondern auch für die Dimensionierung von Konstruktionen wichtige Kenngrößen wie die E-Moduln, die Biege- und Druckarbeitsgrößen, die Spannungs-Dehnungs- bzw. Durchbiegungsverläufe, die $\sigma_{0,2}$-Dehngrenzen entscheidend angehoben, Bild 8. Silanveredlungen stabilisieren den Verlauf der relativen Dielektrizitätskonstante über steigender Luftfeuchte bzw. bei Wasserlagerungen und verbessern den spezifischen Durchgangswiderstand — trocken — um eine Zehnerpotenz bzw. 3 bis 4 Zehnerpotenzen unter feuchten Bedingungen.

Auch das Dauerfestigkeitsverhalten von Polymerverbunden ist haftmittelabhängig, Bild 9.

Stellvertretend für diese Aussage können die aufgenommenen *Wöhler*-Kurven für die Zug-Druck-Wechselprüfung von Phenolharz-Gewebelaminaten gelten. Bei einer Lastwechselzahl von 10^7 liegen die Spannungen beim Aminosilaneinsatz fast doppelt so hoch wie im nichtveredelten Zustand.

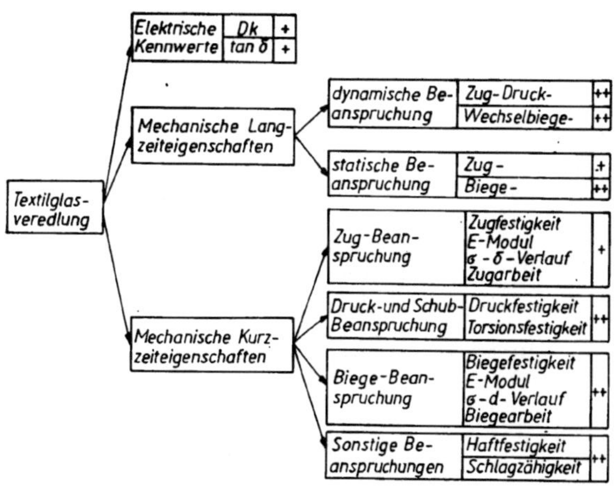

Bild 8. Zur Beeinflussung der GFP-Eigenschaften durch die Glasseidenveredlung

+ : Einfluß im trockenen Zustand gering, dagegen im nassen Zustand erheblich

++ : Einfluß im trockenen und im nassen Zustand erheblich

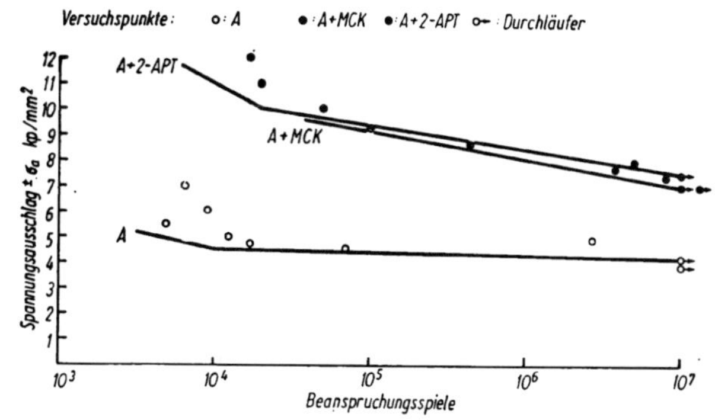

Bild 9. Zum Dauerfestigkeitsverhalten (Phenolharzlaminate) — *Wöhler*-Schaubild für Zug-Druck-Wechselprüfung — Prüffrequenz: 1800 min^{-1}

Diese Aussagen lenken den Blick auf die außerordentliche Effektivität dieser im Interesse der Gebrauchswertsteigerung durchgeführten Materialveredlung mit Hilfe organofunktioneller Silane. Sie verursachen einen Aufwand von etwa $^1/_{150}$, gemessen am Gesamtmaterialaufwand für den Verbundwerkstoff und bewirken, wie gezeigt wurde, Wertsteigerungen mit den Faktoren 2 bis 4. Mit Recht wird deshalb bei Verbundwerkstoffen von Dreistoffsystemen gesprochen; man weist damit auf die besondere Rolle der Grenzflächengestaltung hin.

4. *Konzeption eines Universalhaftmittelsystems*

Angesichts der Entwicklung der Synthesen von organofunktionellen Silanen mit bindemittelangepaßter Reaktivität, aber auch der Weiterentwicklung der Hydrolyse- und Applikationsbedingungen sowie der Schaffung von Teilaspekten der wissenschaftlichen Fundierung der Wirkungsweise, ist man versucht anzunehmen, daß Fortschritte auf diesem Gebiet nicht mehr erforderlich sind bzw. nicht mehr erwartet werden können.

Eine kritische Prüfung des heute erreichten Standes, vom Applikationsaspekt her vorgenommen, weist jedoch auf verschiedene Unzulänglichkeiten hin; zu nennen sind hierbei:

1. Die Notwendigkeit einer bindemittelspezifischen Glasseidenveredlung, was eine hohe technologische Flexibilität und Disponibilität beim Hersteller und eine breite Lagerhaltung beim Verarbeiter erfordert;
2. die verminderte Benetzbarkeit der silanisierten Glasseide durch das Bindemittel, die geringer ist als im nichtveredelten Zustand;
3. die ungenügende Temperaturwechselbeständigkeit.

Zur ersten Frage: Durch gezielte Steuerung der Hydrolysevorgänge von Silanen ist es gelungen, unterschiedliche organofunktionelle Gruppen auf der Glasseidenoberfläche zu applizieren; siehe hierzu das Schema in Bild 10.

Dadurch wurde ermöglicht, die Veredlung für die Polyester-, Epoxid- und Phenolharzverwendung zu vereinheitlichen. Dieses unifizierte Silansystem, in etwa charakterisiert durch eine Si-R_1-R_2-Struktur, wobei

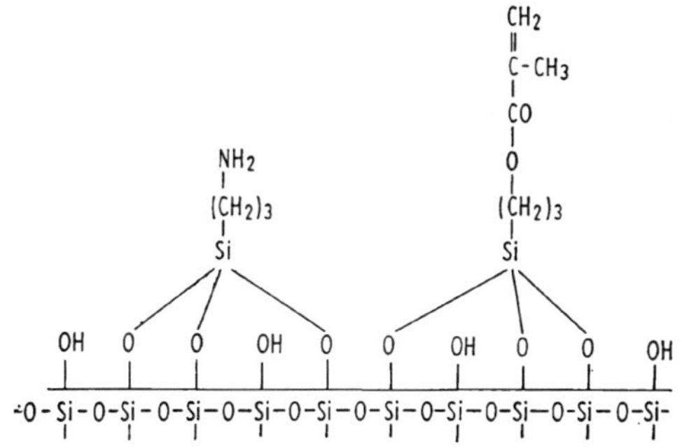

Bild 10. Schematische Darstellung der Bindung von Kombinationen organofunktioneller Silane an Glasseide

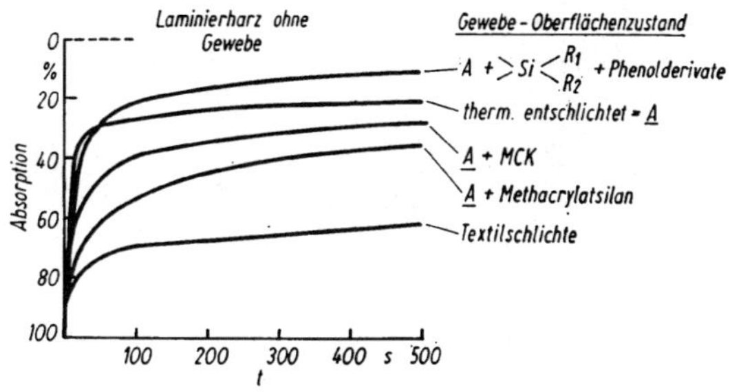

Bild 12. Benetzungsverhalten variiert veredelter Glasseidengewebe gegenüber ungesättigtem Polyesterharz (fotokolorimetrisches Verfahren)

R_1, R_2 unterschiedliche organofunktionelle Gruppen bedeuten, ist seit etwa einem Jahr in der DDR in Produktion des Glasseidenherstellers und hat sich für den Duroplast-Bindemitteleinsatz gut bewährt.

In Bild 11 werden die vergleichsweisen Auswirkungen des Si-R_1-R_2-Systems mit dem jeweiligen spezifischen Optimalhaftmittel gezeigt, nämlich Methacrylsilan für Polyesterharze, Aminosilan für Epoxidharze und modifizierte Aminosilane für Phenolharze; es wurde ferner in der Darstellung der Methacrylsäurechromkomplex (MCK) mit aufgenommen, der bisher als einzige bifunktionelle Verbindung mit einem breitbandigen Wirkungsspektrum bekannt ist. Die Biege- und Druckfestigkeiten zeigen, daß durch das Silansystem Si-R_1-R_2 die Eigenschaftsauswirkungen erreicht bzw. übertroffen werden, die die jeweiligen bindemittelspezifischen Silane ergeben. Die MCK-Veredlungen werden jeweils weit übertroffen.

Zum zweiten Problem: Chemische Reaktionen zwischen Haftmittel und Bindemittel können nur dann eigenschaftswirksam werden, wenn eine möglichst umfassende Benetzung des Verstärkungsmaterials durch das Bindemittel gewährleistet ist.

In Bild 12 werden die Benetzungsgeschwindigkeiten eines Polyesterharzes für verschiedene Glasseidenveredlungen gezeigt, die nach der fotokolorimetrischen Methode ermittelt wurden. Hieraus folgt, daß z. B. Methacrylsilan-Veredlungen die Benetzung gegenüber der nichtmodifizierten Glasseidenoberfläche verschlechtern. Über das Studium der Veränderung der Oberflächenenergie von Glasseiden durch polymeranaloge Adsorptionsschichten konnten Verbindungen selektiert werden, die die Glasseidenfaden-Umnetzung durch fluide Bindemittelphasen verbessern. Durch Kombination von Silanen z. B. mit Phenolderivaten gelingt es, die Benetzungseigenschaften zu steigern und auf diese Weise die Wirksamkeit der Si-R_1-R_2-Veredlung weiter anzuheben.

Zum dritten Problem: Für die Herstellung von Ein- und Mehrlagenleiterplatten erweisen sich — neben Bindemitteleinflüssen — bisherige Gewebeveredlungen als ungenügend, da die hohen Temperaturwechsel-

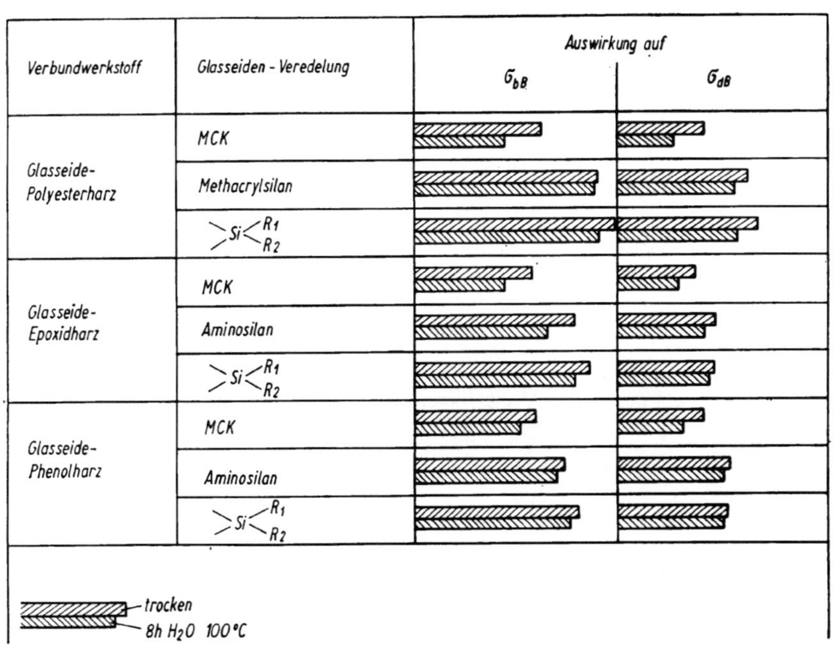

Bild 11. Auswirkung der Glasseidenveredlung auf die Biege- und Druckfestigkeit von Verbundwerkstoffen

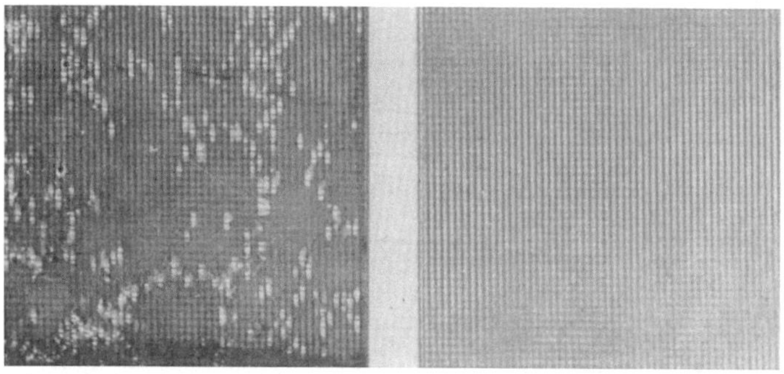

Bild 13. Verhalten von Laminaten bei Temperaturwechselbeanspruchungen

Platte mit Delaminierungserscheinungen — bisheriger Finish

transparente Platte — Unifinish

beanspruchungen durch Lötbäder in Verbindung mit chemischen Beanspruchungen bei Ätz- und Reinigungsvorgängen zu Mikrodelaminierungen an der Grenzfläche führen. Mit Hilfe der Sorptionsanalyse konnten wir erkennen, daß diese als „*Measling*-Effekt" bekannte Fehlererscheinung mit dem Feuchteadsorptionsmechanismus an der Glasseidenoberfläche und der Grenzfläche Glasseide/Bindemittel in Verbindung zu bringen ist. Es wurde gefunden, daß als notwendige Bedingung für die *Measling*-Erscheinung das Vorliegen einer Glasseidenveredlung ist, die ein hohes Wasseradsorptionsvermögen aufweist; als hinreichende Bedingung ist das Auftreten zeitlich ausgedehnter erhöhter Luftfeuchte bzw. die Vornahme von Wasserexpositionen anzusehen.

Auf der Grundlage dieser Kenntnisse wurde eine chemische Technologie der Glasseidenveredlung geschaffen, die sicherstellt, daß bei chemischen Behandlungen und nachfolgenden thermischen Schockwirkungen keine gebrauchswertzerstörenden Fehler durch Mikro- und Makrodelaminierungen eintreten (Bild 13).

Die Glasseidengewebeveredlung, die die Gesichtspunkte der multifunktionellen Anwendung für Polyester-, Epoxid- und Phenolharze bei gesteigerten Grenzflächenfestigkeiten, verbesserter Benetzbarkeit und erhöhter Temperaturwechselfestigkeit berücksichtigt, befindet sich seit einiger Zeit unter dem Begriff „Unifinish" im Produktionsprogramm des VEB Glasseidenwerk Oschatz.

Literatur

[1] *Clark, H. A.*, und *Plueddemann, E. P.*: Bonding of silane coupling agents with resin and with glass in glass-reinforced plastics. 18. Annual Technical Conference der SPI Reinforced Plastics Division, Chicago 1963, Sektion 20-C; Mod. Plastics **40** (1963) 6, S. 133—135, 137—138, 195—196.

[2] *Plueddemann, E. P.*: Promoting adhesion of coatings through reactive silanes. J. Paint Technol. **40** (1968) 516, S. 1—9.

[3] *Cameron, G. M.*, und *Marsden, J. G.*: Silane coupling agents. Chem. Brit. **8** (1972) 9, S. 381—385.

[4] *Gähde, J.*, und *Wende, A.*: Infrarotspektroskopische Untersuchungen zum Problem der Glasfaser-Harz-Bindung. Plaste u. Kautschuk **13** (1966) 1, S. 23—25.

[5] *Duffy, J. V.*, und *Erickson, P. W.*: Untersuchung der Reaktion eines Orthosilikats mit Oberflächen-Silanolgruppen. II. Internat. Tagung über glasfaserverstärkte Kunststoffe und Gießharze, Berlin 1967, Sektion D 12.

[6] *Alfrey, T.*, und *Price, Ch. C.*: Relative reactivities in vinyl copolymerization. J. Polymer Sci. **2** (1947), S. 101—106.

[7] *Egorov, M. M.*, *Kvlividse, V. I.*, *Kisselev, V. F.*, und *Krassilnikov, K. G.*: Die Natur der Oberfläche und die Adsorptionseigenschaften von Siliziumdioxid. Kolloid-Z./Z. Polymere **212** (1966) 2, S. 126—138.

[8] *Low, M. J. D.*, und *Ramasubramanian, N.*: The role of surface boron as adsorption center for the sorption of water by porous glass. J. physic. Chem. **71** (1967) 9, S. 3077—3081.

[9] *Kolb, K. E.*, und *Koelling, J. G.*: A study of the glass-silane-epoxy system. 21. Annual Technical Conference der SPI Reinforced Plastics Division, Chicago 1966, Sektion 13-D; Chem. Comm. (1965) 1, S. 6—7.

[10] *Kaas, R. L.*, und *Kardos, J. L.*: The interaction of aminosilane coupling agents with silica surfaces. Amer. chem. Soc. Polym. Prepr. **11** (1970) 1, S. 258—265.

[11] *Koenig, J. L.*, und *Shih, P. T. K.*: Raman studies of the glass fiber-silane-resin interface. J. Colloid Interface Sci. **36** (1971) 2, S. 247—253.

[12] *Tutas, D. J.*, *Stromberg, R. R.*, und *Passaglia, E.*: Studies of the thickness of adsorbed glass finishes by ellipsometry. 19. Annual Technical Conference der SPI Reinforced Plastics Division, Chicago 1964, Sektion 21-C; SPE Transactions **4** (1964) 10, S. 256—262.

[13] *Müller, U.*, und *Wiedemann, G.*: Über Eigenschaften thermisch-chemisch nachbehandelter Glasseidengewebe. III. Zur Adsorption von organofunktionellen Silanen und Chromkomplexverbindungen an Glasseide. Faserforsch. u. Textiltechnik **20** (1969) 1, S. 10—20.

[14] *Frenzel, H.*: Untersuchungen an oberflächenmodifizierter Glasseide. Dissertation TU Dresden 1968.

Eingegangen am 26. April 1974

Faserforschung und Textiltechnik 25 (1974) Heft 8
Zeitschrift für Polymerforschung

Untersuchungen zur Wasseraufnahme und zum Löseverhalten von Cyanäthylcellulosen

Brigitte Lukanoff, Harry Schleicher und Burkart Philipp

Akademie der Wissenschaften der DDR, Institut für Polymerenchemie in Teltow-Seehof

DK 678.546.2—9:539.217:541.8:541.183.25:547.279.521.1:543.888

Es wird über den Einfluß von Celluloseausgangsmaterial, Substitutionsgrad und DP von Cyanäthylcellulosen auf deren Wasserrückhaltevermögen, Wasserdampfsorption und Löslichkeit in Dimethylsulfoxid berichtet. Während in den meisten Fällen mit steigendem Substitutionsgrad die Dampfsorption abnimmt, durchläuft das Wasserrückhaltevermögen bei mittleren Substitutionsgraden ein Minimum. Cyanäthylcellulosen aus hydrolytisch abgebauten Cellulosen zeigen ein abweichendes Verhalten.

Исследования по сорбции воды образцами цианоэтилцеллюлозы и их растворимости

Изучено влияние исходного целлюлозного материала, степени замещения препаратов цианоэтилцеллюлозы и их СП на способность к удержанию воды, сорбцию водяных паров и растворимость в диметильсульфоксиде. В то время как в большинстве случаев наблюдается снижение сорбции водяных паров с ростом степени замещения, способность к удержанию воды оказывается минимальной в области средних значений степени замещения. Для образцов, полученных из гидролизованных целлюлозных препаратов, наблюдается другая картина.

Investigations on the Water Retention and the Dissolution of Cyanoethylcelluloses

The effects of starting material, degree of substitution and DP of cyanoethylcellulose on the water retention, water vapour sorption and solubility in dimethylsulfoxide has been investigated. While the vapour sorption decreases with increasing degree of substitution the water retention passes a minimum value at medium degree of substitution. Cyanoethylcellulose obtained from hydrolytically degraded cellulose shows different behaviour.

1. Einführung

In einer vorangehenden Mitteilung hatten wir den Einfluß von übermolekularer Struktur des Ausgangspräparates und einer Aktivierung auf den Verlauf einer Cyanäthylierung der Cellulose behandelt [1]. Im Rahmen unserer Untersuchungen zum Quell- und Löseverhalten von Cellulosen unterschiedlicher übermolekularer Struktur interessierte uns die Auswirkung dieser Substitution der OH-Gruppen durch Cyanäthylgruppen hinsichtlich der Wasseraufnahme und der Löslichkeiten von Präparaten steigenden Substitutionsgrades. Für Cyanäthylcellulose ist hierzu aus früheren Publikationen bekannt, daß 1. die Wasserdampfsorption mit steigendem Cyanäthylierungsgrad stark abnimmt [2], daß 2. in einem gewissen engbegrenzten Substitutionsgradbereich zwischen 0,3 und 0,4 alkalilösliche Produkte entstehen sollen [3] und daß 3. hochsubstituierte Cyanäthylcellulosen in organischen Lösungsmitteln wie Dimethylformamid und Dimethyluslfoxid löslich sind [4].

Im folgenden wird über einige Ergebnisse zur Wasserdampfsorption, zum Wasserrückhaltevermögen und einige orientierende Untersuchungen zur Löslichkeit von Cyanäthylcellulosen in DMF und DMSO berichtet, wobei die Präparate aus Produkten unterschiedlicher Struktur hergestellt wurden und ein DS-Intervall zwischen etwa 0,3 und 2,8 umfaßten.

2. Bemerkungen zur Versuchsmethodik

Hinsichtlich der analytischen Daten der Ausgangsproben und der Durchführung der Cyanäthylierung sei auf unsere frühere Mitteilung [1] verwiesen. Die Bestimmung der Wasserdampfsorption erfolgte an vorher über P_2O_5 im Vakuum getrockneten Proben nach achttägiger Klimatisierung bei 65% relativer Feuchte und 20 °C.

Zur Bestimmung des Wasserrückhaltevermögens wurden 0,5 g Cyanäthylcellulose mit 50 ml Wasser 1 h bei 20 °C stehengelassen und dann über einer G-3-Fritte 15 min bei 1600 G abzentrifugiert. Die Löslichkeitsuntersuchungen erfolgten ebenfalls mit Proben von 0,5 g in 50 ml Lösungsmittel nach 1 h Stehenlassen unter gelegentlichem Schütteln, wobei der Rückstand über einer G-4-Fritte zunächst mit reinem Lösungsmittel und dann mit Wasser nachgewaschen und bei 105 °C getrocknet wurde.

3. Versuchsergebnisse und Auswertung

Bei der Cyanäthylierung von Linters, Zellstoff und Zellwolle bestätigt sich die starke Abnahme der Wasserdampfsorption mit steigendem Cyanäthylierungsgrad, wobei schließlich Sorptionswerte zwischen etwa 3 und 4% erreicht werden und somit im Vergleich zu den zwischen etwa 7 und 14% liegenden Sorptionswerten der Ausgangscellulosen eine weitgehende Nivellierung eintritt. Einen geringfügigen Einfluß scheint auch der DP auf die Sorptionswerte auszuüben (vgl. Bild 1). Stark abgebaute Produkte bei Substitutionsgraden größer etwa 1,5 weisen eine etwas höher liegende Dampfsorption auf als Vergleichsproben mit einem DP größer 300. Liegt der Substitutionsgrad jedoch unter 1, so macht sich ein entgegengesetztes Verhalten bemerkbar. Bei Cyanäthylcellulosen aus hydrolytisch abgebauten Cellulosen tritt dieser Einfluß besonders stark in Erscheinung. Hier nimmt der Sorptionswert mit steigendem DS zunächst ebenfalls stark ab, um dann nach Durchlaufen eines flachen bei DS ca. 1 liegenden Minimums wieder schwach anzusteigen. Eine Voraktivierung mit 18%iger Natronlauge, Ammoniak oder niederen aliphatischen Aminen führt nicht nur bei den

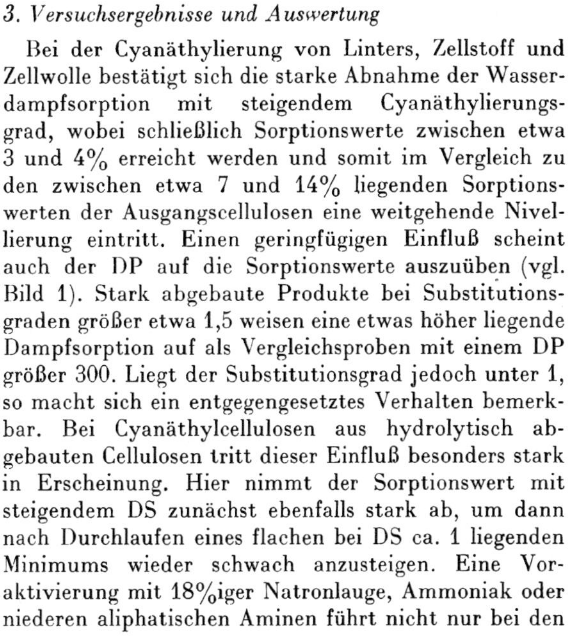

Bild 1. Wasserdampfsorption von Cyanäthylcellulosen aus unterschiedlich abgebautem Buchen-Sulfit-Zellstoff

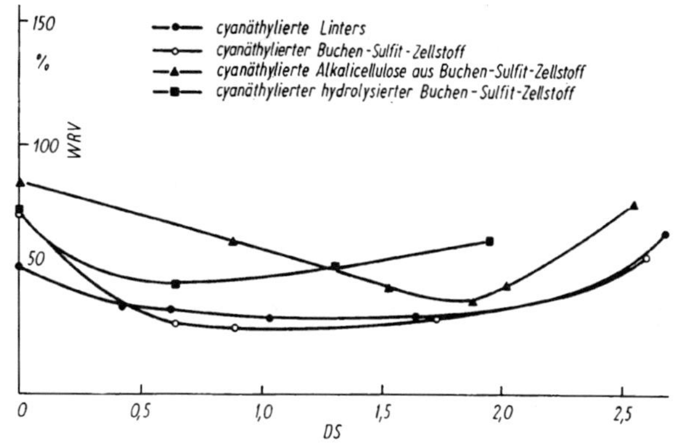

Bild 2. Wasserrückhaltevermögen von Cyanäthylcellulosen

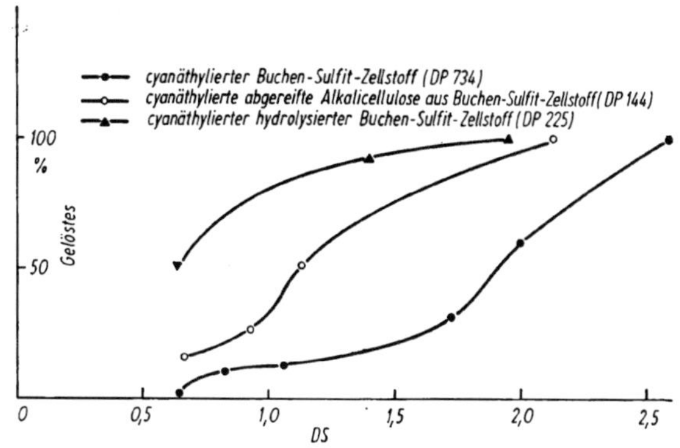

Bild 3. DMSO-Löslichkeit von Cyanäthylcellulosen

Ausgangsproben, sondern auch bei den cyanäthylierten Präparaten zu einem deutlichen Anstieg der Sorptionswerte, ohne daß sich hierbei signifikante Unterschiede zwischen den einzelnen Aktivierungsmitteln erkennen lassen.

Im Gegensatz zum Dampfsorptionswert finden wir bei fast allen Proben (mit Ausnahme der hydrolisierten Linters) ein deutliches Minimum des Wasserrückhaltevermögens bei mittleren Substitutionsgraden zwischen etwa 1 und 1,5, dem sich dann nach hohen Substitutionsgraden hin wieder ein deutlicher Anstieg des WRV-Wertes anschließt, wobei dieser bei Substitutionsgraden oberhalb 2,5 zum Teil sogar den der nichtcyanäthylierten Ausgangsprobe übertrifft (Bild 2). Der minimale WRV-Wert, wie auch der DS, bei dem er auftritt, hängen etwas von der Ausgangsstruktur der Probe ab, wobei die Minimalwerte zwischen etwa 30 und 50% liegen. Lediglich bei hydrolytisch abgebauten Linters sprechen unsere Ergebnisse für eine stetige Zunahme des WRV-Wertes mit steigendem Cyanäthylierungsgrad. Eine Vorbehandlung der Proben mit Ammoniak oder niedermolekularen aliphatischen Aminen führt hinsichtlich des erreichten DS zu einem vom Aktivierungsmedium abhängigen Aktivierungseffekt, was eine Beurteilung des Einflusses der Aktivierung auf den WRV-Wert erschwert. Sofern einigermaßen vergleichbare DS-Werte vorliegen, läßt sich ein gewisses Ansteigen des WRV-Wertes mit steigender Molekülgröße des Aktivierungsmediums in der Reihe Ammoniak, Methylamin, Äthylamin, Propylamin erkennen.

Die Löslichkeit von Cyanäthylcellulosen in DMSO und DMF hängt in erster Linie vom Substitutionsgrad ab, wobei zu einer vollständigen Auflösung außer bei weit abgebauten Proben DS-Werte zwischen 2,0 und 2,5 erforderlich sind; DMSO zeigt eine etwas größere Lösewirkung als DMF, d. h. eine vollständige Auflösung wird bereits bei etwas niedrigerem DS erreicht (Bild 3). Schon relativ geringe Wasserzusätze zum DMSO setzen die Löslichkeit von Cyanäthylcellulosen erheblich herab. Während eine unterschiedliche Voraktivierung vor der Cyanäthylierung etwa durch unterschiedliche NaOH-Vorbehandlung oder durch Vorbehandlung mit Ammoniak oder Aminen zwar zu einer DS-Erhöhung führt, jedoch die Löslichkeit bei vergleichbaren DS-Werten nicht zusätzlich beeinflußt, war erwartungsgemäß ein erheblicher Einfluß von DP und Ausgangsstruktur der Probe auf den Kurvenverlauf im Bereich unvollständiger Lösbarkeit festzustellen (Bild 3). Ein Abbau der Cellulose auf DP-Werte um oder unter 200 führt in jedem Fall zu einem beträchtlichen Löslichkeitsanstieg im DS-Bereich schon zwischen 1 und 1,5. Hierbei zeigt sich jedoch ein sehr wesentlicher Unterschied zwischen alkalisch-oxydativem und hydrolytischem Abbau, indem bei letzterem, unter vergleichbaren DS-Bedingungen, die Löslichkeit wesentlich höher ist.

4. *Zusammenfassende Diskussion und Schlußfolgerungen*

Hinsichtlich eines Einflusses auf die hier betrachteten Zielgrößen Wasserdampfsorptionen, Wasserrückhaltevermögen und Löslichkeit von Cyanäthylcellulosen sind als Eingangsgrößen in Betracht zu ziehen:

- der Substitutionsgrad bzw. das Verhältnis von OH-Gruppen zu Cyanäthylgruppen sowie gegebenenfalls die Substituentenverteilung,
- der Durchschnittspolymerisationsgrad der Proben,
- die übermolekulare Struktur der Proben, die zunächst vom Ausgangsmaterial abhängt, aber über Abbau und Aktivierungsvorgänge beeinflußt werden kann.

Zur Verteilung der Cyanäthylgruppen kann auf Grund einiger orientierender Fraktionierversuche mit flüssigem Ammoniak hier festgestellt werden, daß diese Verteilung bei Substitutionsgraden unterhalb 1 unter den von uns angewandten Bedingungen in jedem Fall ziemlich ungleichmäßig ist und daß offensichtlich erst bei Substitutionsgraden oberhalb 2 eine recht gleichmäßige Verteilung vorliegt.

Die Wechselwirkung zwischen Cellulose und Wasser wird durch eine zunehmende Substitution der OH-Gruppen durch Cyanäthylgruppen dahingehend beeinflußt, daß einerseits eine Abnahme der Wechselwirkungsmöglichkeiten über Wasserstoffbrücken zwischen OH-Gruppen und Wassermolekülen gegeben ist, wenn man die Gesamtheit der Hydroxylgruppen in Betracht zieht, daß andererseits offensichtlich durch eine fortschreitende Substitution mit Cyanäthylgruppen eine Strukturauflockerung, d. h. eine Accessibilitätserhöhung, eintritt, wobei diese beiden Faktoren gegenläufig wirken. Im Falle der Wasserdampfsorption überwiegt der erste Faktor, und es tritt in den meisten

Fällen eine stetige, sich bei hohem DS nivellierende Abnahme des Wasserdampfsorptionsvermögens ein. Nur im Falle hochgeordneter, hydrolytisch abgebauter Proben läßt sich ein schwaches Minimum im Sorptionswert erkennen, das jedoch möglicherweise auch auf die bei der Cyanäthylierung angewandten unterschiedlichen NaOH-Konzentrationen zurückgeführt werden kann, da bei hydrolytisch abgebauten Cellulosen die durch NaOH verursachte Strukturveränderung schon bei niederen NaOH-Konzentrationen einsetzt [5]. Beim Wasserrückhaltevermögen hingegen tritt der zweite Faktor, d. h. die Accessibilitätserhöhung, wesentlich stärker in den Vordergrund, und wir finden in den meisten Fällen ein ausgeprägtes Minimum des WRV-Wertes bei mittleren Substitutionsgraden, in jedem Falle aber einen starken Anstieg nach hohen Substitutionsgraden hin. Bei DS-Werten um 2,8 wird teilweise der WRV-Wert der nichtcyanäthylierten Ausgangsprobe übertroffen, obwohl hier nur noch recht wenige OH-Gruppen für eine direkte Wechselwirkung über Wasserstoffbrücken zur Verfügung stehen. Zur Deutung dieses zunächst unerwarteten Verhaltens könnte man annehmen, daß eine starke Veränderung, d. h. Aufweitung des gesamten Porensystems in der Probe durch die Substitution erfolgt. Man muß dabei in Betracht ziehen, daß, wie in unserer vorangehenden Mitteilung gezeigt, das Erreichen hoher Substitutionsgrade oberhalb 1,5 bis 2 stets mit einem Übergang von einer heterogenen zu einer quasi homogenen Reaktionsweise verbunden ist, die ursprüngliche Struktur also weitgehend zusammenbricht [6] und dabei gleichzeitig eine weitgehend gleichmäßige Verteilung der Cyanäthylgruppen erreicht wird. Diese weitgehend gleichmäßige Verteilung der Cyanäthylgruppen scheint auch eine Voraussetzung für eine vollständige Lösbarkeit der Präparate in DMSO und DMF zu sein. Damit im Einklang steht die Tatsache, daß ein um so höherer DS zur vollständigen Auflösung erforderlich ist, je besser ausgeprägt die übermolekulare Ordnung im Ausgangspräparat war. Im Bereich der nichtvollständigen Auflösung steigt bei gegebenem DS die Löslichkeit erwartungsgemäß mit sinkendem DP und abnehmendem Ordnungsgrad der Probe. Bemerkenswert ist dabei der deutliche Unterschied im Verhalten von sauer- und alkalisch-oxydativ abgebauten Proben, indem erstere bedeutend höhere Löslichkeiten aufweisen, ähnlich wie dies früher bereits bei unsubstituierten Präparaten für die Löslichkeit in Alkalilauge und bei einer Emulsionsxanthogenierung festgestellt wurde [7].

Wir möchten hieraus schließen, daß auch für die Lösbarkeit von Cyanäthylcellulosen mittleren Substitutionsgrades neben dem übermolekularen Ordnungszustand auch der Gittertyp des Ausgangsmaterials und/oder dessen morphologische Grobstruktur maßgebend ist [8], die im Falle einer hydrolytischen Behandlung wesentlich stärker angegriffen wird als beim alkalisch oxydativen Abbau.

Fräulein *Waltraud Stern* und Frau *Ursula Hohn* danken wir für gewissenhafte Mitarbeit.

Literatur

[1] *Schleicher, H., Lukanoff, B.*, und *Philipp, B.*: Einfluß von Celluloseausgangsstruktur und Voraktivierung auf den Verlauf einer Cyanäthylierung. Faserforsch. u. Textiltechnik/Z. Polymerforsch. **25** (1974) S. 179—183.

[2] *Frieser, E.*: Cyanäthylierte Baumwolle. Prakt. Chemie **8** (1957) S. 198—201.

[3] *Husemann, E.*, und *Werner, R.*: Cellulosealkyläther mit funktionellen Gruppen. Methoden der organischen Chemie (Houben/Weyl), Makromolekulare Stoffe Teil 2, S. 893. Stuttgart: Georg Thieme 1963.

[4] *Bikales, N. M.*: Cyanoethylation. In: Encycl. Polymer Sci. Technol. Vol. 4, S. 550. New York: Interscience Publishers 1966.

[5] *Philipp, B.*: Einfluß von Abbauvorgängen auf die Lösbarkeit von Zellstoffen und Cellulosexanthogenaten in Natronlauge. Svensk Papperstidn. **65** (1962) S. 197 bis 208.

[6] *Conrad, C. M., Stanonis, D. J., Creely, J. J.*, und *Harbrink, P.*: Changes in fine structure and mechanical properties induced by cyanoethylation of cotton yarns. II. Reacted without longitudinal shrinkage. J. appl. Polymer Sci. **5** (1961) S. 163—170.

[7] *Philipp, B.*, und *Lukanoff, T.*: Über die Lösegeschwindigkeit verschiedenartiger Zellstoffe bei einer Emulsionsxanthogenierung. Faserforsch. u. Textiltechnik **12** (1961) S. 236—246.

[8] *Isbell, H. S.*: J. Research Natl. Bur. Standards **32** (1944) S. 54; vgl. a.: *Meller, A.*: The chemistry of alkaline degradation of cellulose and oxidized cellulose. Holzforschung **14** (1960) S. 129—139.

Eingegangen am 22. April 1974

Untersuchungen zur Reaktivität von Vinyl- und Methacrylatsilan in Polyäthylen-Modellsystemen

Joachim Gähde, Valentina Müller, Eckard Schlosser und Günter Schulz

Akademie der Wissenschaften der DDR, Zentralinstitut für Organische Chemie in Berlin, Bereich Makromolekulare Verbindungen

DK 547.245:543.33:66.095.26:541.42:678.84:678—742.2:[678—9:66.095.26]

Mit den Untersuchungen konnte auf die unterschiedliche Reaktionsfähigkeit der Vinyl- und Methacrylatgruppe in den ausgewählten Silanen hingewiesen werden. Das Vinyltriäthoxysilan ist unter der Einwirkung von Peroxidradikalen zu keiner Eigenpolymerisation anzuregen. Zwischen Vinylsilan und Polyäthylen konnte unter dem Einfluß von C-Radikalen eine Pfropfreaktion nachgewiesen werden. Das Methacrylatsilan ist bereits in Gegenwart von Peroxidradikalen zur Homopolymerisation sowohl allein als auch in Gegenwart von Polyäthylen befähigt. Die Bildung chemischer Bindungen zwischen der Methacrylatgruppe und dem Polyäthylen ist unter den gewählten Versuchsbedingungen unwahrscheinlich.

Изучение реакционной способности винил- и метакрилатсилана в модельных системах с полиэтиленом

Исследования показывают различие в реакционной способности виниловой и акрилатной групп в ряде выбранных в качестве примеров силанов. Винилтриэтоксисилан не способен полимеризоваться под действием перекисных радикалов. Между винилсиланом и полиэтиленом наблюдалась прививочная реакция, инициированная С-радикалами. Метакрилатсилан под действием перекисных радикалов может в присутствии и в отсутствии полиэтилена претерпевать гомополимеризацию. При этом образование химической связи между метакрилатной группой и полиэтиленом в выбранных условиях опытов не представляется вероятной.

Investigations on the Reactivity of Vinyl and Methacrylate Silanes in Polyethylene Model Systems

Differences in reactivity of vinyl and methacrylate group in particular silanes have been investigated. Vinyltriethoxysilane cannot be polymerized by initiation with peroxide radicals. Graft polymerization of vinylsilanes onto polyethylene was caused by C radicals. In the presence of peroxide radicals the methacrylate silan undergoes homopolymerzation on its own as well as in the presence of polyethylene. The formation of chemical bonds between methacrylate groups and polyethylene is improbable under the chosen conditions.

Einleitung

Die ständig wachsende Bedeutung der verstärkten Polymeren als neuer Konstruktionswerkstoff ist als Ursache dafür anzusehen, daß die Untersuchungen über die verschiedenen Faktoren, die die Festigkeit des Materials beeinflussen, einen breiten Umfang angenommen haben. Das gilt insbesondere für die Aufklärung der Verhältnisse in der Phasengrenzschicht. Zur Verbesserung der Wechselwirkung zwischen den Verbundkomponenten werden meist Haftvermittler eingesetzt, wovon die siliciumorganischen Verbindungen am bekanntesten sind. Die Erhöhung der Festigkeit glasfaserverstärkter Polyester- oder Epoxidharze [1, 2, 3] um den Faktor 2 bei Einsatz von speziellen Silanen als Haftvermittler kann neben den physikalischen Wechselwirkungskräften mit der Bildung chemischer Bindungen erklärt werden. Nach den Untersuchungen von *Sterman* und *Marsden* [4, 5, 6] erhöhen Vinyl- und Methacrylatsilan die Festigkeit von glasfaserverstärktem Polyäthylen ebenfalls um den Faktor 2.

Fraglich ist aber, ob hier die Wirksamkeit der Silane ebenfalls auf die Bildung chemischer Bindungen zwischen Haftvermittler und Polymermolekül zurückgeführt werden kann.

Mit den vorliegenden Untersuchungen soll deshalb geklärt werden, welche Reaktionsfähigkeit die organofunktionelle Gruppe des Silans allein und in Gegenwart von Dicumylperoxid und Polyäthylen besitzt.

Ausgangsstoffe und Probenherstellung

Das verwendete Polyäthylen wurde nach dem Niederdruckverfahren im VEB Kombinat Chemische Werke Buna hergestellt. Es trägt die Kurzbezeichnung PE-HD Typ A-64-MA und hat folgende Eigenschaften:

Schmelzindex (5 kg, 190 °C)	6,1···18 g/10 min,
Dichte	0,94···0,95 g/cm³,
Schmelztemperatur	132···136 °C,
Kerbschlagzähigkeit	6 kp · cm/cm².

Als *Radikalbildner* wurde Dicumylperoxid (UHLEIN-Chemie) (DCP) eingesetzt, dessen exothermer Zersetzungspunkt bei 113 °C liegt. Für die Herstellung der Modelle wurden zwei *Silane* (Union Carbide Corp.) verwendet:

$$CH_2{=}CH{-}Si(OC_2H_5)_3$$

Vinyltriäthoxysilan (A 151)

$$CH_2{=}\underset{\displaystyle CH_3}{\underset{|}{C}}{-}CO{-}O{-}CH_2{-}CH_2{-}CH_2{-}Si(OCH_3)_3$$

γ-Methacryloxypropyltrimethoxysilan (A 174)

Zur Untersuchung der Wechselwirkung zwischen Polyäthylen und Silan wurden folgende zwei Modellsysteme gewählt:

a) 90 Masseteile PE + 10 Masseteile A 174,

b) 90 Masseteile PE + 10 Masseteile A 151.

In beiden Fällen diente Dicumylperoxid in Mengen bis zu 1 Masse%, bezogen auf die Gesamtmischung, als Radikalbildner. Zur Herstellung der Proben wurde das im Silan gelöste DCP mit der entsprechenden Menge PE 1 h in einer Kugelmühle gemischt. Nach einer Quellzeit von 5 Tagen bei Zimmertemperatur wurden aus diesem Gemisch Platten im Format $120 \times 120 \times 4$ (oder 2,5) mm³ hergestellt. Dazu wurde das Gemisch 20 min bei 80 °C vorgewärmt, in die auf 150 °C aufgeheizte Preßform gegeben, 5 min bei 150 °C und drucklos geschlossener Form weiter erhitzt und 3 min bei dieser Temperatur unter einem Druck von 5,5 kp/cm² gepreßt. Die Abkühlung der Preßform erfolgte mit Leitungswasser mit einer Geschwindigkeit von ca. 15 grd/min. Die fertigen Platten wurden zu Prüfkörpern zur Ermittlung der Biegefestigkeit nach TGL 14067 und der Kerbschlagzähigkeit nach TGL 14068 aufgeschnitten. Zur Extraktion wurde das Plattenmaterial geraspelt und 0,3 g in eine Tasche aus Kupfernetz (Maschenweite 0,12 mm) eingewogen. Die allseitig geschlossene Tasche wurde 9 h in 500 ml siedendes Toluol getaucht und anschließend im Vakuum bis zur Massekonstanz getrocknet. In Vorversuchen war ermittelt worden, daß eine Verlängerung der Extraktionszeit keine anderen Ergebnisse bringt.

IR-Untersuchungen zum Polymerisationsverhalten der Silane

Da bei der Herstellung der Polyäthylen-Modelle Temperaturen bis zu 150 °C aufgewendet wurden, sollte zunächst der Einfluß dieser Temperatur auf das Verhalten der Silane untersucht werden. Nach 2 h Erwärmung auf 150 °C konnte aber bei dem hier untersuchten Vinyl- und Methacrylatsilan anhand der IR-Spektren keine Veränderung festgestellt werden. Eine thermische Polymerisation dieser Silane ist unter den gewählten Bedingungen nicht möglich.

Bei Zusatz von 0,1% Dicumylperoxid zum Vinylsilan A 151 traten die erwarteten Veränderungen im Bereich der Doppelbindung der Vinylgruppe bei 1605 cm^{-1} (C=C Valenzschwingung) und der Deformationsschwingung der Si—CH=CH_2-Gruppe bei 1010 bis 1020 cm^{-1} und bei 960 cm^{-1} nicht ein [7, 8] (siehe Bild 1).

Im Gegensatz dazu erstarrte das Methacrylatsilan A 174 bei Zusatz von 0,1% Dicumylperoxid und 2 h Erhitzen auf 150 °C zu einer kautschukartigen Masse. Im IR-Spektrum (Bild 2) sind die Banden der C=C-Valenzschwingung bei 1645 cm^{-1} und der C=C-Deformationsschwingung bei 1015 cm^{-1} nicht mehr zu erkennen. Daraus muß geschlußfolgert werden, daß in diesem Falle eine Eigenpolymerisation des Silans erfolgt ist.

Nach diesen Untersuchungen steht fest, daß eine Polymerisation des Vinylsilans A151 durch peroxydische Anregung unter diesen Bedingungen nicht möglich ist.

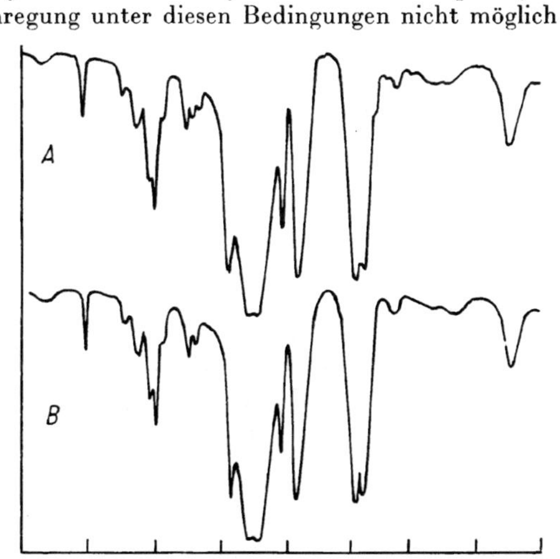

Bild 1. IR-Spektrum von Vinyltriäthoxysilan, aufgenommen in kapillarer Schicht, nach 2 h Erwärmen auf 150 °C ohne und mit Zusatz von 0,1 Masse% Dicumylperoxid

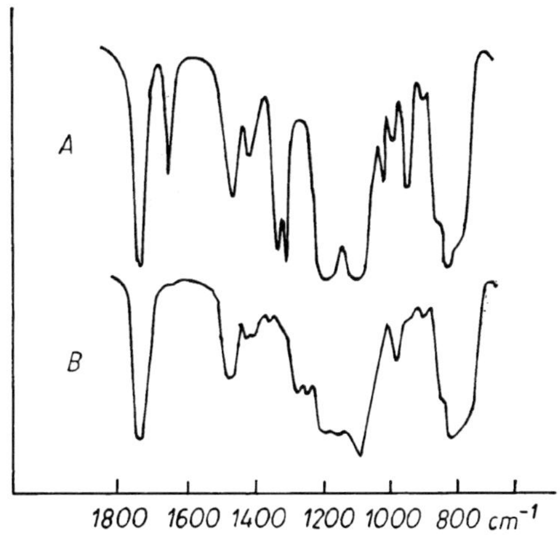

Bild 2. IR-Spektren von Methacrylatsilan A 174, aufgenommen in kapillarer Schicht, nach 2 h Erwärmen auf 150 °C ohne (A) und mit Zusatz von 0,1 Masse% Dicumylperoxid (B)

IR-Untersuchungen an Modellsystemen

Zur Aufklärung der Reaktionen der ausgewählten Silane in Gegenwart von Polyäthylen wurden Polyäthylenplatten mit 10 Masse% Silan hergestellt. Die infrarotspektroskopischen Vergleichsuntersuchungen wurden sowohl an den in siedendem Toluol löslichen Anteilen, die im abgekühlten Toluol ausfielen, als auch an den in siedendem Toluol nicht löslichen Anteilen durchgeführt. Zur besseren Übersicht werden folgende Fälle unterschieden:

Proben ohne Dicumylperoxid. Beide Polyäthylen-Silan-Modelle lösen sich vollständig in siedendem Toluol. Die nach Abkühlung ausgefallene Substanz wurde infrarotspektroskopisch untersucht und zeigte das Spektrum des Polyäthylens (siehe Bild 3).

Proben mit 1% Dicumylperoxid. Die Probe Polyäthylen/Methacrylatsilan/Dicumylperoxid (9:1:0,1) war eben-

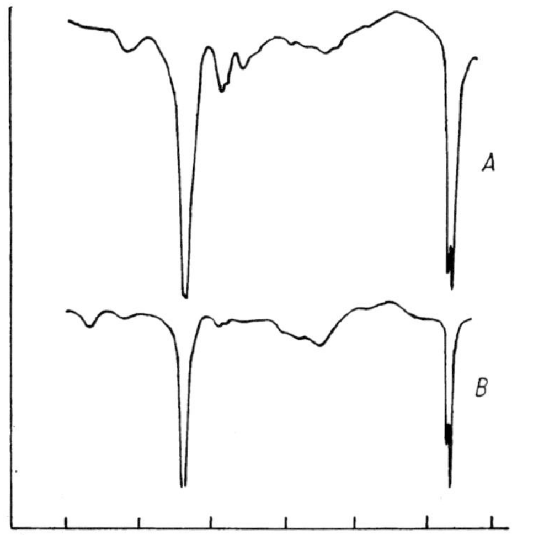

Bild 3. IR-Spektren von PÄ (A) und PÄ + A 174 = 9:1 (B) (Niederschlag aus der toluolischen Lösung nach der Extraktion)

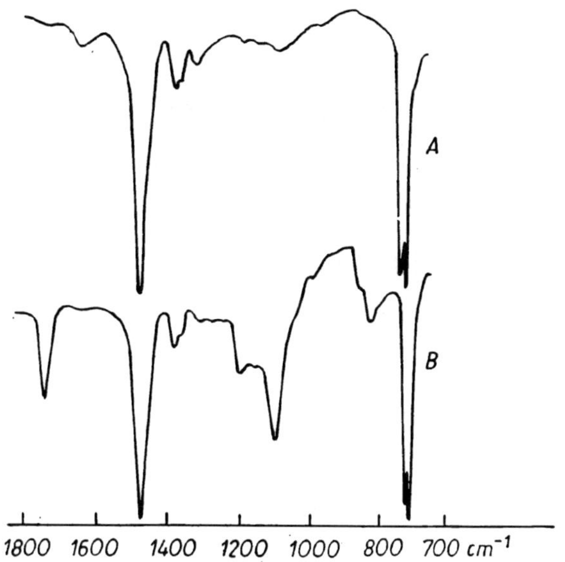

Bild 4. IR-Spektren von PÄ (A) und (PÄ + A 174 = 9:1) + 1% DCP (B) als Niederschlag aus der toluolischen Lösung nach der Extraktion

falls vollständig in siedendem Toluol löslich. Die nach der Abkühlung ausgefallene Substanz zeigte im Spektrum (Bild 4B) beträchtliche Unterschiede gegenüber dem Spektrum des reinen Polyäthylens (Bild 4A). Zusätzlich treten die Banden der C=O-Valenzschwingung bei 1740 cm^{-1} und der SiO-Valenzschwingung bei 1100 cm^{-1} auf, die eindeutig dem Methacrylatsilan A 174 zuzuordnen sind. Dem Spektrum ist außerdem zu entnehmen, daß alle Doppelbindungsbanden des Silans A 174 (1645 und 1015 cm^{-1}) nicht mehr auftreten. Eine

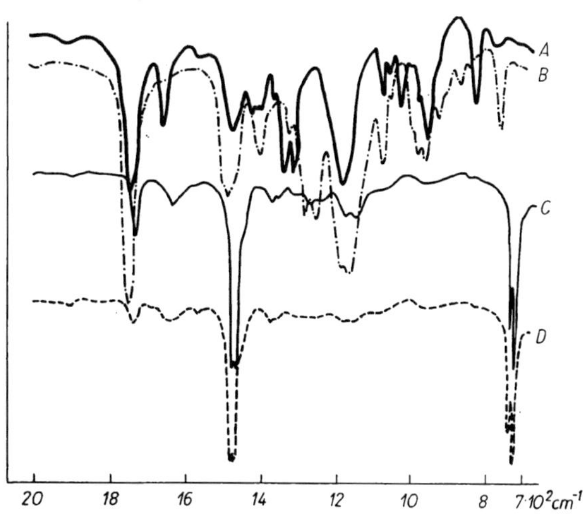

Bild 5. IR-Spektren von Polyäthylen-Methacrylsäurepropylester-Dicumylperoxid-Modellen

A — Methacrylsäurepropylester
B — Methacrylsäurepropylester, polymerisiert unter Zusatz von 0,1% DCP
C — (PÄ + Methacrylsäurepropylester (9:1)) + 1% DCP
D — PÄ + Methacrylsäurepropylester (9:1)
C + D — Niederschlag aus der toluolischen Lösung nach der Extraktion der Proben

Aussage über die stattgefundene Reaktion (Eigenpolymerisation des Silans oder Reaktion mit dem Polyäthylen) ist hier nicht möglich. Um Nebenreaktionen über die Methoxygruppen im A 174 auszuschließen, wurden die Versuche mit Methacrylsäurepropylester als Modellsubstanz wiederholt. Aus den Spektren des Bildes 5 ist ersichtlich, daß in der Probe *D* auf Grund der Bande bei 1740 cm^{-1} noch Methacrylat enthalten ist, über dessen chemische oder adsorptive Bindung zum Polyäthylen hier nichts ausgesagt werden kann (siehe dazu die dielektrischen Untersuchungen, Bild 8).

Bei der Probe Polyäthylen/Vinylsilan/Dicumylperoxid (9:1:0,1) erhielten wir sowohl einen in siedendem Toluol löslichen als auch einen unlöslichen Anteil. Der lösliche Anteil. wurde durch Abkühlung ausgefällt. Beide Substanzen wurden infrarotspektroskopisch untersucht. Die Ergebnisse sind aus Bild 6 ersichtlich.

Es zeigt sich, daß sowohl der lösliche als auch der unlösliche Anteil das Vinylsilan enthalten. Das erkennt man aus dem Auftreten der Banden der SiO-Valenzschwingung im Bereich von 1100 bis 1200 cm^{-1}. Dagegen fehlen auch in diesem Fall die Banden der C=C-Doppelbindung bei 1605 cm^{-1}. Dieses Ergebnis überrascht, da Vinyltriäthoxysilan allein mit Dicumylperoxidzusatz nach den Ergebnissen in Bild 1 nicht polymerisiert. Es ist nach den Arbeiten von *Samojlov* [9] bekannt, daß das Vinyltriäthoxysilan in Gegenwart von C-Radikalen reaktionsfähig und in der Lage ist, Copolymere zu bilden. Dagegen besitzt das Silan keine Reaktionsfähigkeit in Gegenwart von Peroxidradikalen. Deshalb ist die Schlußfolgerung möglich, daß das Dicumylperoxid auf das PÄ-Molekül unter Bildung von C-Radikalen einwirkt, die Ausgangspunkt für eine

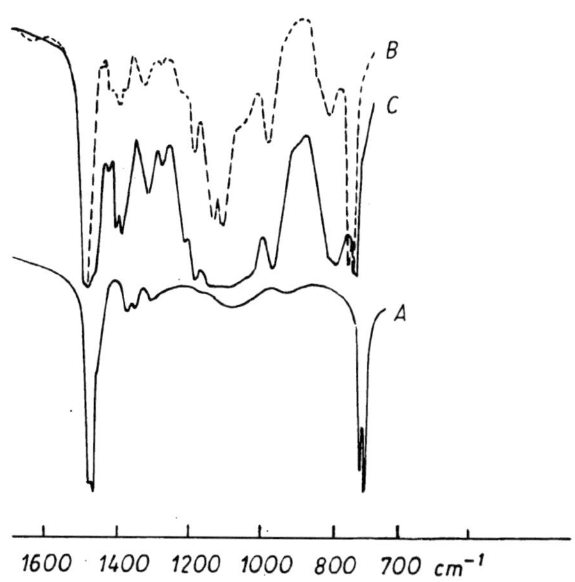

Bild 6. IR-Spektren von PÄ (A), (PÄ + A 151 = 9:1) + 1% DCP (B, C)

A, B — Niederschlag aus toluolischer Lösung nach der Extraktion
C — unlöslicher Teil

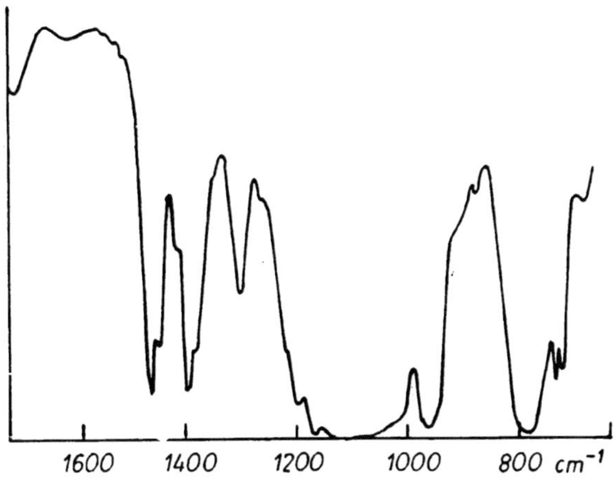

Bild 7. IR-Spektren von (PÄ + A 151 = 1:1,5) + 1% DCP
Thermische Behandlung 2 h/150 °C

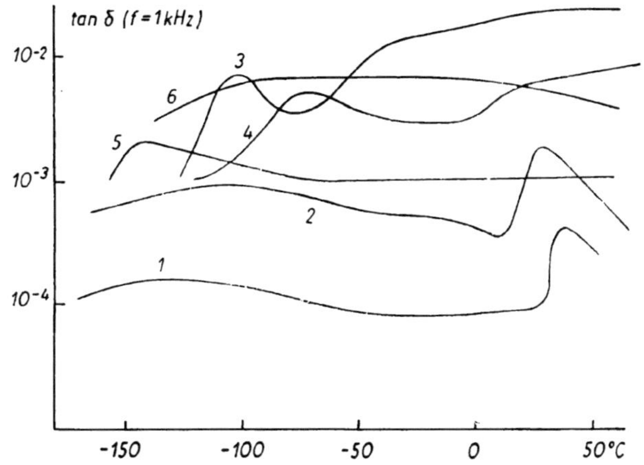

Bild 8. Absorptionsverläufe tan δ
PÄ ohne (1) und mit 1% DCP (2)
PÄ + Methacrylatsilan ohne (3) und mit 1% DCP (4)
PÄ + Vinylsilan ohne (5) und mit 1% DCP (6)

Pfropf- und Copolymerisationsreaktion des Vinylsilans sind. Diese Ergebnisse konnten an einem weiteren Modellsystem mit wesentlich höherem Vinylsilananteil noch untermauert werden [(PÄ + A 151 = 1:1,5) + 1 Masse% DCP]. Bei der Extraktion in siedendem Toluol waren 58% unlöslich, wobei die PÄ-Menge in der gesamten Mischung nur 40% betrug. Im löslichen als auch unlöslichen Teil der Mischung fehlten die Banden der C=C-Doppelbindung bei 1605 cm^{-1} (siehe Bild 7).

Anhand der IR-Untersuchungen läßt sich eine chemische Reaktion zwischen Vinylsilan und Polyäthylen beweisen, was im Falle des Methacrylatsilans nicht möglich ist. Zur weiteren Klärung der in den Modellsystemen ablaufenden Reaktionen wurden deshalb noch dielektrische Untersuchungen durchgeführt.

Dielektrische Untersuchungen

Die Messungen wurden an Scheiben von 65 mm Durchmesser ausgeführt, die im Vakuum mit Silber (Meßelektrode 40 mm Durchmesser) bedampft wurden. Die dielektrischen Messungen wurden bei einer Frequenz von $f = 1$ kHz im Temperaturbereich von -160 °C bis $+65$ °C durchgeführt. Die erhaltenen dielektrischen Absorptionsverläufe sind in Bild 8 zusammengestellt.

Im tan δ-Verlauf für PÄ (Kurve 1) deuten sich zwei Maxima unterhalb -100 °C bzw. oberhalb 20 °C an, die auch von *Michajlov* [10] gefunden wurden. Die tan δ-Werte liegen jedoch in der Fehlergrenze der Apparatur.

Der tan δ-Verlauf für PÄ mit 1% Dicumylperoxid (Kurve 2) wird gegenüber dem reinen Polyäthylen um insgesamt etwa eine Größenordnung auf das Niveau von 10^{-3} angehoben, da durch das DCP polare Gruppen eingeführt worden sind. Dabei kann das DCP nach Zerfall zu folgenden Reaktionen führen:

Zur Vernetzung des ÄP

$$\begin{array}{l} \ldots CH_2-CH_2-CH-CH_2- \ldots \\ \qquad\qquad\qquad\quad | \\ \ldots -CH_2-CH-CH_2-CH_2 \end{array} + 2\,ROH$$

oder seltener zur Anlagerung von RO· an die aktivierten PÄ-Ketten

$$\begin{array}{c} \ldots -CH_2-CH-CH_2 \ldots \\ | \\ OR \end{array}$$

Die eingelagerten ROH-Moleküle und RO-Gruppen an der Polyäthylenkette liefern Angriffspunkte für das elektrische Feld, wobei ihre Beweglichkeit wesentlich durch das PÄ-Gerüst bestimmt wird. So tritt infolge der Vernetzung des PÄ bei -105 °C ein stark verschmiertes Nebenmaximum auf. Bei -20 °C scheint sich die Segmentrelaxation des PÄ anzudeuten, während das mit der Kristallisation verbundene Maximum bei $+30$ °C, in gleichem Maße wie der übrige Kurvenverlauf gewachsen ist und deshalb keine durch die Vernetzung bedingte Änderung kristallinen Anteils erkennen läßt. In Gegenwart von Methacrylatsilan A 174 ohne oder mit Dicumylperoxid (Kurve 3 und 4) wird das tan δ-Niveau durch das polare Silan auf ca. 10^{-2} angehoben. Das bei -105 °C auftretende Nebenmaximum der Kurve 3 kann dem eingeschlossenen monomeren Silan zugeschrieben werden. Kurve 4 zeigt, daß unter Einfluß des DCP eine Verschiebung der Maximumlage um ca. 30 °C nach höheren Temperaturen erfolgt, wobei nur eine geringfügige Zunahme der Maximumbreite zu verzeichnen ist. Dies bedeutet, daß das Dicumylperoxid eine Polymerisation des Silans bewirkt hat, ohne das PÄ zu vernetzen wie Löslichkeitsversuche bestätigen. Die im Anschluß an das Tieftemperaturmaximum bei beiden Kurven nach höheren Temperaturen auftretenden breiten Absorptionsgebiete sind auf Grund der bisherigen Messungen noch nicht zu deuten. Insbesondere ist auch die stark unterschiedliche Höhe dieser Absorptionsgebiete unklar.

Das Molekül des Silans A 151 ist kürzer und unpolarer als das des Silans A 174, so daß das zugehörige Absorptionsmaximum der Kurve 5 bei tieferen Temperaturen liegt und niedriger ist als das Maximum der Kurve 3. Bei DCP-Zusatz geht hier im Gegensatz zur Kurve 4 das Maximum nach höheren Temperaturen in den sehr breiten Absorptionsverlauf der Kurve 6 über.

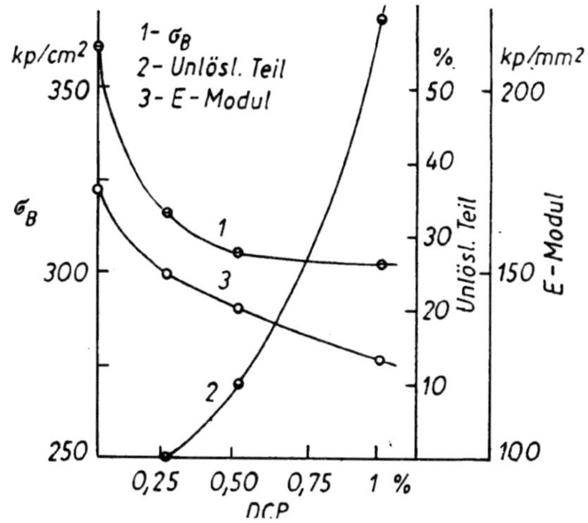

Bild 9. Die Eigenschaftsveränderung von PÄ in Abhängigkeit von der Dicumylperoxidkonzentration

σ_B Biegespannung (1)
Unlöslicher Teil (2)
E-Modul (3)

Das deutet auf eine durch das DCP verursachte Vernetzung des PÄ hin, wobei das Vinylsilan offenbar sehr eng mit dem Polyäthylengerüst verkoppelt ist. Unter Berücksichtigung der infrarotspektroskopischen Untersuchungen ist die Schlußfolgerung möglich, daß diese Kopplung über Hauptvalenzen und damit eine Vernetzung über Silanmoleküle oder -ketten erfolgt.

Mechanische Eigenschaften der Modellsysteme

Die unterschiedliche Reaktivität der hier untersuchten Silane zeigt sich auch bei bestimmten mechanischen Eigenschaften der PÄ/Silan/DCP-Modelle. Zunächst wurde aber der Einfluß der Peroxidkonzentration auf die mechanischen Eigenschaften des PÄ und dessen Löslichkeit untersucht.

In Bild 9 ist die Veränderung der Biegespannung, des E-Moduls und der Löslichkeit des Polyäthylens in Abhängigkeit von der DCP-Konzentration dargestellt. Mit zunehmender Peroxidkonzentration steigt der unlösliche Anteil und sinkt die Biegefestigkeit sowie der E-Modul, d. h., mit zunehmender Vernetzung des PÄ verringern sich die mechanischen Werte.

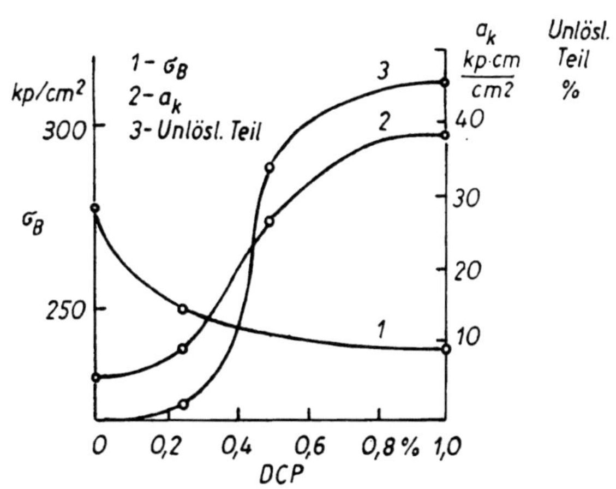

Bild 10. Eigenschaftsänderung von PÄ-Vinylsilan-Modellen in Abhängigkeit von der Dicumylperoxidkonzentration

σ_B (Biegespannung) (1)
a_K (Kerbschlagzähigkeit) (2)
Unlöslicher Teil (3)

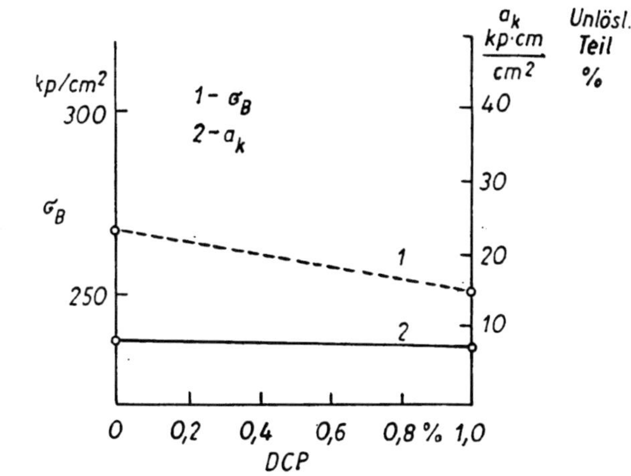

Bild 11. Eigenschaftsänderung von PÄ/Methacrylatsilan-Modellen in Abhängigkeit von der Dicumylperoxidkonzentration

σ_B (Biegespannung (1)
a_K (Kerbschlagzähigkeit) (2)

Ganz analoge Verhältnisse wurden in dem Modellsystem PÄ-Vinylsilan-Peroxid beobachtet (siehe Bild 10) Das Vinylsilan hat die Vernetzung des PÄ nicht verhindert.

Das System PÄ/Methacrylatsilan/Peroxid bleibt dagegen bis zu einer Peroxidkonzentration von 1% löslich. Außerdem sind keine wesentlichen Veränderungen bei den mechanischen Eigenschaften festzustellen (siehe Bild 11).

Die Ergebnisse müssen unter Berücksichtigung der infrarotspektroskopischen und dielektrischen Untersuchungen in der Weise interpretiert werden, daß die Peroxidradikale von den Methacrylatgruppen bereits bei Temperaturen um 100 °C für die Eigenpolymerisation des Methacrylatsilans verbraucht werden. Sie stehen für die bei etwa 150 °C mögliche Vernetzung des Polyäthylens nicht mehr zur Verfügung. Da das Vinylsilan unter der Einwirkung von Peroxidradikalen zu einer Eigenpolymerisation nicht befähigt ist, stehen die Peroxidradikale zur Erzeugung von C-Radikalen an der Polyäthylenkette zur Verfügung, so daß Vernetzungsreaktionen unter Beteiligung von Vinylsilan ablaufen können. Der Abfall der Biegefestigkeit und der Anstieg der Kerbschlagzähigkeit deuten in Zusammenhang mit der Erhöhung des unlöslichen Anteils (Vernetzung) auf eine Verringerung des Ordnungszustandes der Polyäthylenmatrix hin.

Literatur

[1] *Gähde, J.:* Beitrag zum Mechanismus der Wirkung von Haftmitteln in glasfaserverstärkten Polyesterharzen. II. Internationale Tagung über glasfaserverstärkte Kunststoffe und Gießharze, März 1967, Berlin, Vortrag D 13.

[2] *Schmidt, K. A. F.:* Das Grenzflächenproblem bei glasfaserverstärkten Kunstharzen. Glastechn. Ber. **37** (1964) 1, S. 1—15.

[3] *Plueddemann, E. P., Clark, M. A., Nelson, L. E.,* und *Hoffmann, K. R.:* Evaluation of now silane coupling agents for glass fiber reinforced plastics. 17. Annual Technical and Management Conference, Reinforced Plastics Division, Society of the Plastics Industry, New York, 1962, Sect. 14 A und 1963, Sect. 20 C.
[4] *Sterman, S.,* und *Marsden, J. G.:* Silane coupling agents as "Integral Blends" in resin-filler systems. 18. Annual Technical and Management Conference, Reinforced Plastics Division, Sect. 1-D, Febr. 1963.
[5] *Sterman, S.,* und *Marsden, J. G.:* Silane coupling agents for reinforced thermoplastics. Modern Plastics (1966) Juli, S. 133.
[6] *Sterman, S.,* und *Marsden, J. G.:* The effect of silane coupling agents in improving the properties of filled or reinforced thermoplastics. Polymer Engng. Sci. (1966) April S. 97.
[7] *Hummel, D. O.,* und *Scholl, F.:* Atlas der Kunststoff-Analyse, Bd. 1. München 1968, S. 192.
[8] *Mayhan, K. G., Thompson, L. F.,* und *Magdalin, C. F.:* Identification of organosilicon liquids by infrared spectroscopy. J. Paint Technology **44**, (1972) 567, S. 85—93.
[9] *Samojlov, S. M.,* und *Monaskyrski, V. N.:* Radikalische Copolymerisation von Äthylen mit Vinyltriäthoxysilan unter Druck. Vysokomol. Soed. (Hochmol. Verbind.) Serie B: Kratkie Soobšč. (Kurzmitt.) **14** (1972) 8, S. 595—599.
[10] *Michajlov, G. P.:* Über dielektrische und mechanische Verluste von Niederdruck-Polyäthylen. Ž. techn. Fiziki (J. techn. Physik) **27** (1957), S. 2050.

Eingegangen am 4. April 1974

Ein Beitrag zur Kinetik der Glasumwandlung von Polyäthylenterephthalat

Claus Otto

VEB Chemiefaserwerk Wilhelm-Pieck-Stadt Guben, Forschungslabor (Leiter: K. D. Ahlers)

DK 678.674'524'420:536.424.1.081.7:536.764:536.63:543.227

Ausgehend von der allgemeinen Geschwindigkeitsgleichung chemischer Reaktionen wird über die Änderung der spezifischen Wärmen im Umwandlungsbereich von amorphem Polyäthylenterephthalat die Aktivierungsenergie für den Glasübergang ermittelt. Dabei kamen neben einer für derartige Probleme bekannten kinetischen Gleichung in Anlehnung an thermogravimetrische Studien zwei weitere Auswerteverfahren zur Anwendung.

К вопросу о кинетике стеклования полиэтилентерефталата

Исходя из общего кинетического уравнения для химических реакций была определена энергия активации процесса стеклования полиэтилентерефталата по изменению удельных теплот при переходе аморфного полимера в застеклованный. При этом кроме известного кинетического уравнения использовались два дополнительных метода обработки данных.

Contribution to the Kinetics of Glass Transition in Polyethylene Terephthalate

Based on the general rate equation of chemical reactions the activation energy of the glass transition in amorpheous polyethylene terephthalate has been investigated by determining the change of specific heat in the transition region. Besides the kinetic equations usually applied in these investigations two other methods of evaluation based on thermogravimetric measurments were included.

1. *Einleitung*

Die Eigenschaften von faserbildenden Hochpolymeren werden unter anderem durch die Lage des Umwandlungsbereiches beeinflußt. Die durch Modifizierung eines Polymeren erstrebten Eigenschaftsänderungen können sich in der Verschiebung des Glasumwandlungsbereiches zu tieferen oder höheren Temperaturen äußern. Ist schon das Wesen der glasigen Erstarrung umstritten, so gibt es nur wenige Versuche zur Ermittlung kinetischer Daten, die den Umwandlungsvorgang beschreiben [22, 29, 30]. Die folgenden Ausführungen sollen Möglichkeiten einer kinetischen Betrachtungsweise des Glasumwandlungsbereiches von Polyäthylenterephthalat (PÄT) durch Messungen der Änderung der spezifischen Wärme aufzeigen.

2. *Zum Wesen und zur Meßmöglichkeit der Glasumwandlung*

Die Temperatur, bei der hochmolekulare Stoffe aus dem metastabilen Zustand der unterkühlten Schmelze in den instabilen Zustand des Glases übergehen, wird in der Literatur als Einfriertemperatur oder Umwandlungspunkt zweiter Art bezeichnet (exakt erfolgt der Übergang nicht bei einer definierten Temperatur, sondern in einem schmalen Temperaturbereich). Damit sind bereits die beiden grundlegenden Vorstellungen zum Wesen dieses Phänomens genannt worden. In einigen Arbeiten, teilweise einschränkend, wird das glasige Erstarren aus thermodynamischer Sicht als Umwandlung zweiter Art interpretiert [1, 2, 3].

Gegen diese Interpretation sprechen zwei entscheidende experimentelle Ergebnisse. Es konnte beobachtet werden, daß sich auch unterhalb des Umwandlungspunktes unter isothermen Bedingungen Zustandsänderungen in Richtung eines thermodynamischen Gleichgewichtes vollziehen. In Verbindung damit ist der Umwandlungsbereich hinsichtlich der Lage deutlich von der Versuchsdauer abhängig, so daß sich die Vorstellung durchgesetzt hat, daß das glasige Erstarren ein Einfriervorgang ist. Hierzu existiert eine Reihe ausführlicher Arbeiten [4, 5, 6, 7], die in neuerer Zeit noch ergänzt worden sind [8, 9], Eine weitere Möglichkeit der Interpretation der Glasumwandlung sahen *Überreiter* und *Bruns* [10] in einer Überlagerung eines Umwandlungspunktes erster Art mit zusätzlichen Einfriererscheinungen, die später korrigiert wurden [31].

Aus molekularer Sicht stellt sich die Glastemperatur, oder besser der Einfrierbereich, als der Bereich dar in dem die Kettenbeweglichkeit der Moleküle sprunghaft vergrößert wird. *Überreiter* und *Nens* [11] nehmen unterhalb des Einfrierbereiches Molekülschwingungen in der Ebene, oberhalb des Einfrierbereiches zusätzlich angeregte Drillschwingungen an. Andere Betrachtungsweisen wie in [9], erklären über Platzwechselmöglichkeiten der Moleküle oberhalb des Glasumwandlungspunktes die Eigenschafts-

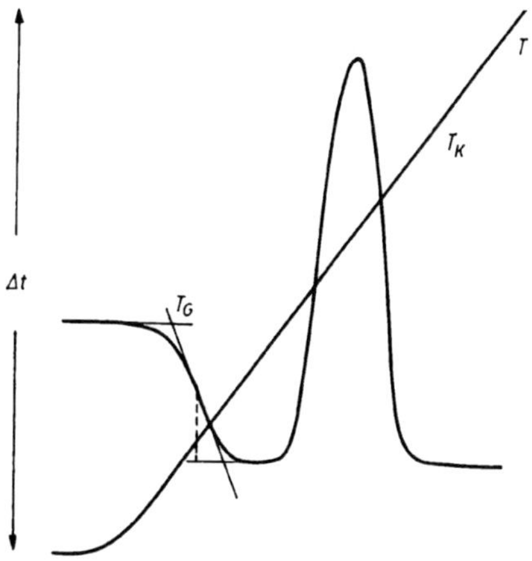

Bild 1. Thermogramm einer amorphen Polyäthylenterephthalatprobe im Glasumwandlungsbereich
Δt = Temperaturdifferenz Probe—Inertsubstanz
T_G = Glasumwandlungspunkt
T_K = Maximumtemperatur des Kaltkristallisationspeaks

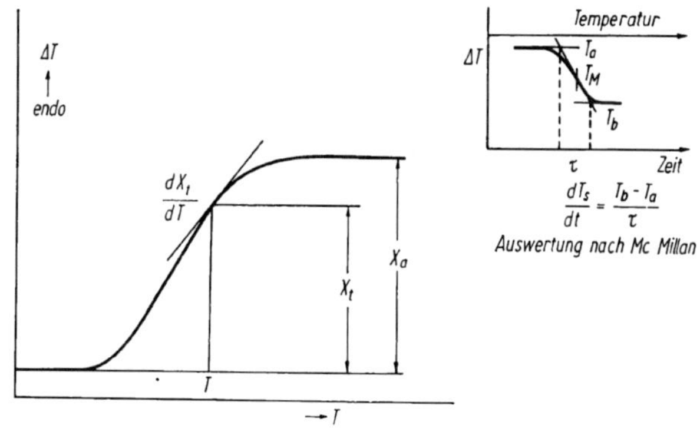

Bild 2. Transformation des Glasumwandlungsbereiches in eine ΔT-T-Abhängigkeit

änderungen am Umwandlungspunkt. In Anlehnung an die molekulare Betrachtungsweise des glasigen Erstarrens ist es verständlich, daß sich beispielsweise alle extensiven Größen in Abhängigkeit von der Temperatur im Glasumwandlungsbereich sprunghaft ändern und zur Messung herangezogen werden [12]. Grundsätzlich kann aber jede in Abhängigkeit von der Temperatur meßbare Größe benutzt werden, deren Differentialquotient im Umwandlungsbereich ein Maximum besitzt, wie in [13, 14]. So kann die Änderung der spez. Wärme als extensive Größe im Umwandlungsbereich zur Bestimmung des Glasumwandlungspunktes herangezogen werden. In zunehmendem Maß wird dabei die Differentialthermoanalyse eingesetzt, die hierzu Relativaussagen gestattet [15, 16, 17, 18]. In Bild 1 ist der Glasumwandlungspunkt eines amorphen PÄT dargestellt. Anstelle der c_p-Werte werden in der DTA bekanntlich die Temperaturdifferenzen zwischen dem Inert- und Probenmaterial gemessen, die proportional den spezifischen Wärmen sind [19, 20]. Die Messungen der Einfrierbereiche erfolgten mittels eines Eigenbaugerätes [21] an amorphen PÄT-Granulaten der Teilchengröße 1 bis 1,6 mm und einer Probenmenge von 150 mg. Die relative Lösungsviskosität der Proben betrug 1,400 gemessen bei 20 °C in einem Phenol/Tetrachloräthan-Gemisch von 1:1 (100 mg/20 ml).

3. *Theoretische Grundlagen*

Wie bereits oben aufgeführt, ist die Lage des Einfrierbereiches von der Versuchszeit abhängig. Mithin läßt sich der kinetische Vorgang des Einfrierens durch die Anwendung unterschiedlicher Aufheizgeschwindigkeiten in der Differentialthermoanalyse beschreiben, wie von *McMillan* [22] am Beispiel des Glycerins demonstriert wurde. *McMillan* geht von der formalen Vorstellung aus, daß die Glasumwandlung eine Umwandlung der Moleküle G in die Moleküle L mit dem Molenbruch $1 - x$ und x ist. Die klassische Geschwindigkeitsgleichung

$$\frac{dx}{dt} = (1 - x)^n K \left(\frac{k \cdot T}{h}\right) e^{\Delta S \cdot R} \cdot e^{\frac{-\Delta H}{R \cdot T}} \tag{1}$$

wurde differenziert und null gesetzt. Die Temperatur T_M für $d^2x/dt^2 = 0$ ist somit als die Temperatur definiert worden, bei der die Änderungsgeschwindigkeit der spezifischen Wärme während des Umwandlungsvorganges ein Maximum durchläuft. Durch eine weitere Differentation nach $1/T_M$ und Vernachlässigung kleiner Größen erhält *McMillan*

$$\frac{d \ln \left[T_M^2 \Big/ \left(\frac{dT_S}{d\bar{t}}\right)\right]}{d\left(\frac{1}{T_M}\right)} = \frac{\Delta H}{R}. \tag{2}$$

Hierbei ist K der Transmissionskoeffizient der Aktivierung, h die *Planck*sche Wirkungskonstante, k die *Boltzmann*-Konstante, R die Gaskonstante, ΔS die Aktivierungsentropie, ΔH die Aktivierungsenthalpie und n die Reaktionsordnung.

Die Auftragung von

$$\log \left(\frac{T_M^2}{\frac{dT_S}{d\bar{t}}}\right)$$

gegen $1/T_M$ gestattet die Bestimmung der Aktivierungsenthalpie.

Die Ermittlung von T_M und $dT_S/d\bar{t}$ nach *McMillan* ist in Bild 2 schematisch dargestellt.

Die Ableitung entspricht den theoretischen Überlegungen von *Kissinger* [23]. Anstelle der Aufheizgeschwindigkeit ist bei *McMillan* die Änderungsgeschwindigkeit der spez. Wärme $dT_S/d\bar{t}$ bei T_M in Gleichung (2) eingegangen.

Die Berechnung kinetischer Daten aus DTA-Kurven sollte im Falle der Transformationsvorgänge in Anlehnung an die thermogravimetrischen Auswerteverfahren möglich sein. Unter der Voraussetzung, daß bei der Glasumwandlung die Aufzeichnung des Molenbruches in Abhängigkeit von der Zeit (respektive Aufheizgeschwindigkeit) erfolgt, sind die folgenden Überlegungen möglich.

Die *Arrhenius*-Gleichung unter Berücksichtigung einer konstanten Aufheizgeschwindigkeit $dT/dt = a$ lautet

$$\frac{d\bar{x}_t}{dT} = \frac{A}{a} \cdot e^{-E_A/R \cdot T} \cdot (x_a - x_t)^n; \tag{3}$$

$\frac{d\bar{\bar{x}}_t}{dT}$ = Reaktionsgeschwindigkeit,
A = Frequenzfaktor,
a = Aufheizgeschwindigkeit [grd min^{-1}],
$x_u = x_a - x_t$ = siehe Bild 2,
x_a = vollständiger Umsatz,
x_t = Umsatz zur Zeit $t(T)$,
n = Reaktionsordnung.

Zur Ermittlung der Aktivierungsenergie E_a kann die Gleichung (3) logarithmiert und graphisch ausgewertet werden.

$$\log \frac{dx_t}{dT} - n \log (x_a - x_t) = \log A' - \frac{E_a}{2{,}3 \cdot R \cdot T}. \quad (4)$$

Wenn das von *McMillan* übernommene Postulat der vereinfachten Darstellung der energetischen Umwandlung von der Molekülart G in die Molekülart L die Kinetik des Glasumwandlungsbereiches von Hochpolymeren hinreichend beschreiben kann, muß Gleichung (4) bei der graphischen Auswertung bei unterschiedlichen Aufheizgeschwindigkeiten Geraden mit gleichem Anstieg liefern.

Die Differentialgleichung (3) läßt sich nach Trennung der Variablen nicht geschlossen integrieren, und es hat u. a. von *Coats* und *Redfern* [24], *Reich* [25] und *Doyle* [26] Vorschläge zur annähernden Lösung der exponentiellen Integrale gegeben. Es lassen sich nun leicht, wie von *Ozawa* [27], später *Schneider* u. a. [28], über die angegebenen Lösungsvarianten der integralen Methode die Aufheizgeschwindigkeiten in Beziehung zur Akti-

Tabelle 1. Meßwerte zur Errechnung von ΔH gemäß Gleichung (2)

Tm °K	$\frac{dTs}{d\bar{\bar{t}}}$ °K min^{-1}	$\frac{1}{Tm} \cdot 10^4$ °K^{-1}	$\frac{Tm^2}{dTs/dt} \cdot 10^{-4}$ °K min
350	4,30	28,60	2,84
349	4,20	28,65	2,90
344	2,40	29,10	4,85
346,5	2,57	28,90	4,67
349	3,10	28,67	3,93
352	4,25	28,40	2,92
354	6,05	28,20	2,08
353	6,50	28,30	1,94
353	5,15	28,30	2,42
351	5,50	28,50	2,24
356	8,43	28,10	1,50
359	10,40	27,80	1,24
359	11,00	27,80	1,17

Tabelle 2. Meßwerte zur Errechnung von E_a gemäß Gleichung (4)

$\log \frac{d\Delta T}{dT}$	$\log \bar{\bar{x}}_u$	T °K	$\frac{1}{T} \cdot 10^4$ °K^{-1}	$\log \frac{d\Delta T}{dT} - nlg\, \bar{\bar{x}}_u$
Aufheizgeschwindigkeit 2,53 grd min^{-1}				
0,038	0,602	353,5	28,30	−0,564
0,375 − 1	0,000	354,5	28,20	−0,625
0,863 − 1	0,602	350,0	28,55	−0,739
0,070	1,080	342,0	29,20	−1,010
0,854 − 1	1,231	336,0	29,90	−1,377
Aufheizgeschwindigkeit 4,18 grd min^{-1}				
0,921 − 1	0,778	361,0	27,7	−0,857
0,073	1,498	343,0	29,2	−1,425
0,070	1,000	357,0	28,0	−0,930
0,929 − 1	1,414	341,5	29,4	−1,485
0,124	1,322	346,5	28,9	−1,198
0,136	1,097	351,7	28,4	−0,961
0,949 − 1	0,740	359,0	27,9	−0,791
0,392 − 1	0,000	365,5	27,4	−0,608
Aufheizgeschwindigkeit 6,55 grd min^{-1}				
0,943 − 1	1,586	339,5	29,5	−1,643
0,188	1,432	349,5	28,65	−1,244
0,940 − 1	1,061	360,0	27,8	−1,121
0,612 − 1	0,398	374,0	26,80	−0,786
0,795 − 1	0,740	368,0	27,2	−0,945
0,745 − 1	1,624	336,0	29,8	−1,879
0,987 − 1	1,531	347,0	28,9	−1,544
0,044	1,230	357,0	28,0	−1,186
0,012	1,042	362,0	27,6	−1,030
0,854,1	0,778	367,5	27,2	−0,924
Aufheizgeschwindigkeit 11,8 grd min^{-1}				
0,952 − 1	1,829	344,5	29,0	−1,877
0,279	1,643	354,5	28,25	−1,364
0,3925	1,256	372,0	26,9	−0,864
0,000	1,042	378,0	26,45	−1,042
0,908 − 1	0,699	385,0	25,95	−0,791
0,243	1,869	343,5	29,1	−1,63
0,171	1,302	370,8	27,0	−1,13
0,267	1,806	350,0	28,6	−1,54
0,308	1,525	363,5	27,55	−1,217

Tabelle 3. Meßwerte zur Errechnung von E_a gemäß Gleichung (5)

a grd min^{-1}	T °K	$\frac{1}{T} \cdot 10^4$ °K^{-1}	$\log a$	a grd min^{-1}	T °K	$\frac{1}{T} \cdot 10^4$ °K^{-1}	$\log a$
20% Umsatz				40% Umsatz			
2,53	336,5	29,80	0,402	2,53	340,5	29,35	0,402
4,18	338,7	29,55	0,621	4,18	346,5	28,86	0,621
6,55	340,2	29,07	0,816	6,55	348,7	28,67	0,816
8,95	345,0	29,00	0,952	8,95	352,5	28,37	0,952
11,80	349,5	28,79	1,072	11,80	356,5	28,05	1,072
60% Umsatz				80% Umsatz			
2,53	346,0	28,94	0,402	2,53	351,5	28,51	0,402
4,18	352,0	28,40	0,621	4,18	357,0	28,00	0,621
6,55	355,0	28,15	0,816	6,55	362,5	27,59	0,816
8,95	359,0	27,85	0,952	8,95	365,2	27,35	0,952
11,80	366,0	27,32	1,072	11,80	373,5	26,77	1,072

vierungsenergie bringen. Für konstante Umsätze ergibt sich für verschiedene Aufheizgeschwindigkeiten aus den annähernden Lösungsvorschlägen

$$\frac{d \log a}{d\left(\frac{1}{T}\right)} = - \frac{Ea}{2{,}303 \cdot R} \qquad (5)$$

Bei gleichen Umsätzen muß die Darstellung $\log a \rightarrow 1/T$ Geraden liefern [27, 28]. Bei Richtigkeit der einfachen Modellvorstellung zur Kinetik des Glasumwandlungsbereiches muß auch hier bei unterschiedlichen Umsätzen die Darstellung $\log a \rightarrow 1/T$ zu Geraden mit identischem Anstieg und damit Aktivierungsenergien führen.

5. *Versuchsergebnisse*

Nach der Umzeichnung des Transformationsbereiches aus dem Originalthermogramm in $\Delta T - T$-Kurven erfolgte die Auswertung der Kurven (Bild 2). In den Tabellen 1 bis 3 sind die zur Berechnung der Aktivierungsenergien nach den Gleichungen (2), (4) und (5) benötigten Meßwerte zusammengestellt. Die in den Tabellen 2 und 3 aufgeführten Meßwerte setzen sich jeweils aus zwei Thermogrammen gleicher Aufheizgeschwindigkeit zusammen bzw. sind Doppelbestimmungen.

Die Auftragung der Abhängigkeiten gegen $1/T$ zeigen die Bilder 1 bis 3. Die aus den Anstiegen ermittelten Aktivierungsenergien aller drei Methoden sind in der Tabelle 4 zusammengefaßt.

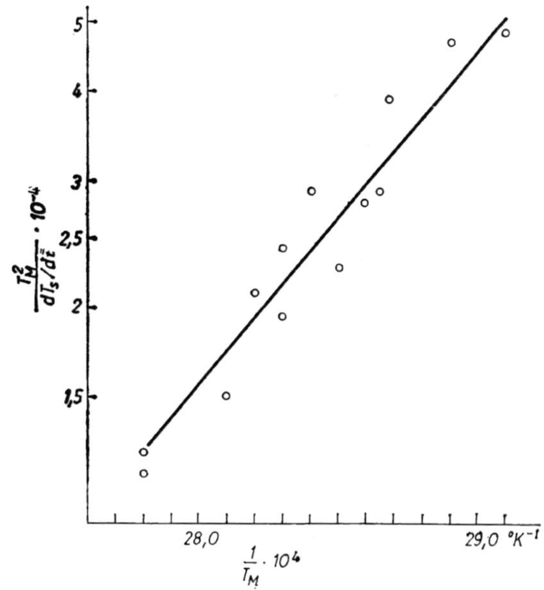

Bild 3. Darstellung der Meßwerte nach Gleichung (2)

6. *Versuchsdiskussion*

Wie dem Bild 3 entnommen werden kann, führt die Darstellung des $\log T_M^2/(dT_s/d\bar{t})$ gegen $1/T_M$ zu einer Geraden, aus deren Anstieg die Aktivierungsenthalpie des Glasumwandlungsvorganges beim amorphen PÄT mit

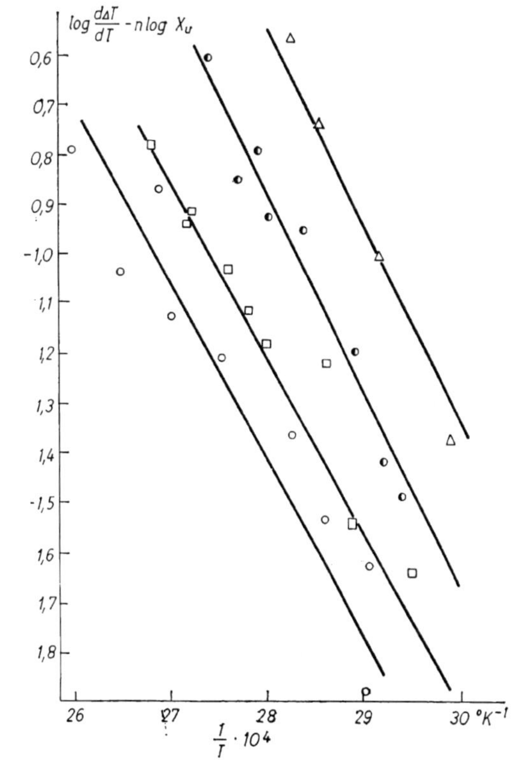

Bild 4. Darstellung der Meßwerte nach Gleichung (4)
△ = 2,53 grd min⁻¹ ⊡ = 6,55 grd min⁻¹
◐ = 4,18 grd min⁻¹ ⊙ = 11,8 grd min⁻¹

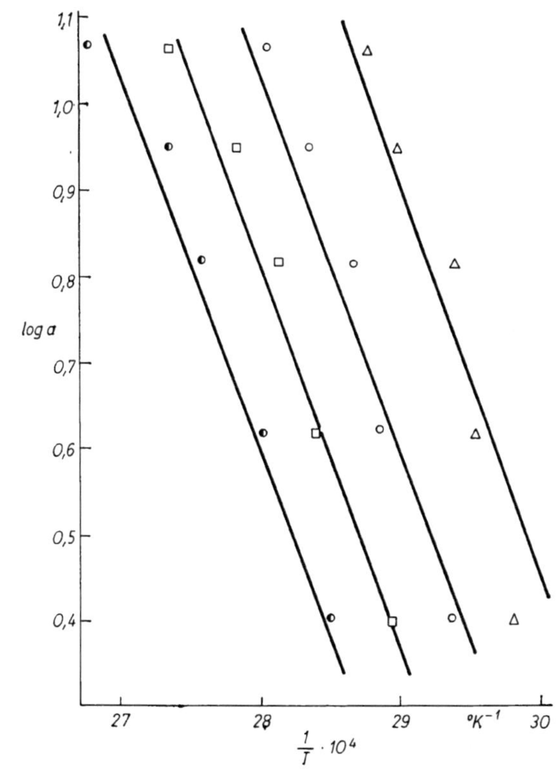

Bild 5. Darstellung der Meßwerte nach Gleichung (5)
△ = 20% Umsatz □ = 60% Umsatz
○ = 40% Umsatz ◐ = 80% Umsatz

Tabelle 4. Ermittelte Aktivierungsparameter nach den Gleichungen (2), (4) *und* (5)

Gleichung	Aktivierungs-parameter kcal mol^{-1}	Umsatz-grad %	Aufheiz-geschw. grd min^{-1}
(2)	$\Delta H = 20{,}5$	—	variabel
(4)	$E_a = 17{,}8$	—	2,53
	$= 18{,}1$	—	4,18
	$= 15{,}9$	—	6,55
	$= 16{,}5$	—	11,80
(5)	$E_a = 20{,}1$	20	—
	$= 20{,}0$	40	—
	$= 19{,}7$	60	—
	$= 19{,}8$	80	—

den in Kapitel 2 angegebenen Parametern zu 20,5 kcal/mol errechnet werden konnte. Die von *McMillan* vorgeschlagene vereinfachte Darstellung der Umwandlung der Moleküle G in L im Umwandlungsbereich sollte somit über Gleichung (1) den kinetischen Vorgang der Eigenschaftsänderung von PÄT im Glasumwandlungsbereich beschreiben. Dabei ist es gleichgültig, welche molekulare Deutung des Glasumwandlungsbereiches man heranzieht.

Bei der Auswertung der logarithmierten *Arrhenius*-Gleichung (Bild 4) konnten durch verschiedene Aufheizgeschwindigkeiten gleiche Aktivierungsenergien errechnet werden, deren Mittelwert bei 17,0 kcal/mol liegt. Hierbei ist die vorgegebene Reaktionsordnung mit $n = 1$ durch den Verlauf der $\log d\Delta T/dT - n \cdot \log (x_a - x_t))$-Werte in Abhängigkeit von $1/T$ bestätigt worden. Es ist auffallend, daß die Meßwerte in starkem Maße um die Ausgleichsgeraden streuen. Dieser Umstand läßt sich durch die zusätzliche Schwierigkeit der Differentiation der $(\Delta T - T)$-Kurve gegenüber den anderen Auswerteverfahren erklären.

Die Gleichung (5) führt in der graphischen Darstellung (Bild 5) ebenfalls zu einer Möglichkeit der Bestimmung der Aktivierungsenergie. Die Geraden in Bild 5 laufen parallel. Es ist in erster Näherung kein Einfluß des Umsatzgrades auf die Aktivierungsenergie zu beobachten, wie bei komplexen Abbaureaktionen an Hochpolymeren mittels der Thermogravimetrie gefunden wurde [28]. Die ermittelte Aktivierungsenergie errechnete sich zu 19,9 kcal/mol, legt man den Mittelwert der Aktivierungsparameter aus unterschiedlichen Umsatzgeraden zugrunde. Die nahezu konstanten Aktivierungsenergien können als weiterer Beweis der einfachen kinetischen Betrachtungsweise des Umwandlungsbereiches von PÄT herangezogen werden.

Bei einem Vergleich der nach den drei angewandten Methoden errechneten Aktivierungsenergien läßt sich eine gute Übereinstimmung beobachten.

Neben der von *McMillan* publizierten Möglichkeit zur Berechnung kinetischer Parameter von Glasumwandlungsbereichen aus der relativen Änderungsgeschwindigkeit der spezifischen Wärme mittels DTA liefern somit die Anwendungen der Gleichungen (4) und (5) Ergebnisse, die für derartige Messungen als gleichberechtigte Auswerteverfahren betrachtet werden können.

7. *Zusammenfassung*

Die Änderungen der spezifischen Wärmen im Glasumwandlungsbereich von Polyäthylenterephthalat wurden unter teilweiser Anwendung unterschiedlicher Aufheizgeschwindigkeiten in der Differentialthermoanalyse zur Messung der Aktivierungsparameter des Glasumwandlungsvorganges herangezogen. Neben der von *McMillan* vorgeschlagenen Methode gelangten zwei weitere Auswerteverfahren zur Anwendung, die beide von der *Arrhenius*-Gleichung ausgehen und für die Auswertung thermogravimetrischer Kurven bereits bekannt sind. Die drei benutzten Auswerteverfahren lieferten in guter Übereinstimmung Aktivierungsparameter von 17,0 bis 20,5 kcal/mol für den Glasübergang von amorphem Polyäthylenterephthalat.

Literatur

[1] *Münster, A.*: In: *H. A. Stuart*: Die Physik der Hochpolymeren, Bd. 3, S. 635 ff. Berlin/Göttingen/Heidelberg: Springer 1955.

[2] *Gibbs, J. H.*, und *Di Marzio, E. A.*: Nature of the glass transition and the glassy state. J. chem. Physics **28** (1958) S. 373—383.

[3] *Di Marzio, E. A.*, und *Gibbs, J. H.*: Molecular interpretation of glass temperature depression by plastizers. J. Polymer Sci. A-**1**: Polymer Chem. (1963) S. 1417—1428.

[4] *Jenkel, E.*: In *H. A. Stuart*: Die Physik der Hochpolymeren, Bd. 3, S. 608 ff. Berlin/Göttingen/Heidelberg: Springer 1955.

[5] *Kovacs, A. J.*: Glasumwandlung in amorphen Polymeren. Phänomenologisches Studium. Fortschr. Hochpolymeren-Forsch. **3** (1963) S. 394—507.

[6] *Boyer, R. F.*: The relation of transition temperatures to chemical structure in high polymers. Rubber Chem. Technol. **36** (1963) S. 1303—1421.

[7] *Flory, P. J.*: Principles of Polymer Chemistry. New York 1953.

[8] *Kanig, G.*: Das freie Volumen und die Änderung des Ausdehnungskoeffizienten und der Molwärme bei der Glasübergangstemperatur von Hochpolymeren. Kolloid-Z. u. Z. Polymere **233** (1969) S. 829—845.

[9] *Rehage, G.*: Neuere Ergebnisse über die glasige Erstarrung von Hochpolymeren. Ber. Bunsenges. physik. Chemie **74** (1970) 8/9, S. 796—807.

[10] *Überreiter, K.*, und *Bruns, W.*: Zur Natur der Glasumwandlung. Beiträge zur Thermodynamik von Polymerlösungen. Ber. Bunsenges. physik. Chemie **70** (1966) S. 17—21.

[11] *Überreiter, K.*, und *Nens, S.*: Spezifische Wärme, spezifisches Volumen, Temperatur- und Wärmeleitfähigkeit von Hochpolymeren. Teil I: Distryol und ein hochpolymeres Styrol. Kolloid-Z. u. Z. Polymere **123** (1951) S. 92—99.

[12] *Illers, K. H.*: Die Glastemperatur von Copolymeren. Kolloid-Z. u. Z. Polymere **190** (1963) S. 16—34.

[13] *Funke, W.*, *Hellwig, G. E. H.*, und *Neumann, A. W.*: Bestimmung der Einfriertemperatur von Polymeren aus der Temperaturabhängigkeit der Benetzung. Angew. makromol. Chemie, Basel **8** (1969) 102, S. 185—193.

[14] *Kanamaru, K.*, und *Sugiura, Y.*: Diffusion-controlled transitions in high polymers. Kolloid-Z. **178** (1961) 1, S. 1—24.

[15] *Henkel, H.*, und *Wiesener, E.*: Über den Einfluß des Ordnungsgrades auf die Glasumwandlungstemperatur von Polyäthylenterephthalat. Faserforsch. u. Textiltechnik **19** (1968) 8, S. 369—371.

[16] *Keavney, J. J.*, und *Eberlin, E. C.*: The determination of glass transition by differential thermal analysis. J. appl. Polymer Sci. **3** (1960) S. 47—53.

[17] *Strella, S.*: Differential thermal analysis of polymers. I. The glass transition. J. appl. Polymer Sci. **7** (1963) S. 569—579.

[18] *Ke, B.*: Differential thermal analysis of high polymers. J. Polymer Sci., B: Polymer Letters **1** (1963) S. 167—170.

[19] *Adam, G.*, und *Müller, F. H.*: Zur Theorie der dynamischen Messung kalorischer Größen nach dem Prinzip der Differentialthermoanalyse. Kolloid-Z. u. Z. Polymere **192** (1963) S. 29—34.
[20] *David, D. J.*, Determination of specific heat and heat of fusion by differential thermal analysis. Analytic. Chem. **36** (1964) 11, S. 2162—2166.
[21] *Otto, C.*, und *Ahlers, K. D.*: Zum Bau eines Differentialthermoanalysengerätes. Faserforsch. u. Textiltechnik **24** (1973) 11, S. 465—469.
[22] *McMillan, J. A.*: Kinetics of glass transformation by thermal analysis. I. Glycerol. J. chem. Physics **42** (1965) 10, S. 3497—3501.
[23] *Kissinger, H. E.*: Reaction kinetics in differential thermal analysis. Analytic. Chem. **29** (1957) 11, S. 1702—1706.
[24] *Coats, A. W.*, und *Redfern, J. T.*: Kinetic parameters from thermogravimetric data. II. J. Polymer Sci., B: Polymer Letters **3** (1965) 11, S. 917—920.
[25] *Reich, L.*: A rapid estimation of activation energy from thermogravimetric traces. J. Polymer Sci., B: Polymer Letters **2** (1964) S. 621—623.
[26] *Doyle, Ch. D.*: Integral methods of kinetic analysis of thermogravimetric data. Makromol. Chemie **80** (1964) S. 220—224.
[27] *Ozawa, T.*: A new method of analyzing thermogravimetric data. Bull. chem. Soc., Japan **38** (1965) 11, S. 1881—1886.
[28] *Schneider, A. I.*, *Vasile, C.*, *Furnica, D.*, und *Onu, A.*: Über den Einfluß der Aufheizgeschwindigkeit auf die Kinetik des thermogravimetrischen Abbaus von Polymeren. Makromol. Chemie **117** (1968) S. 41—49.
[29] *Ellerstein, S. M.*: On obtaining the kinetic parameters of the glass transition. J. physic. Chem. **69** (1965) 7, S. 2471—2472.
[30] *Savolainen, A. V.*: Glass transition kinetics of 2,6 disubstituted poly(oxyphenylene)s. Makromol. Chemie **172** (1973) S. 213—220.
[31] *Bruns, W.*, *Mehdorn, F.*, und *Überreiter, K.*: Beitrag zur Thermodynamik der Glasumwandlung. Kolloid-Z. u. Z. Polymere **244** (1971) S. 202—212.

Eingegangen am 29. April 1974

Breitlinienkernresonanz unorientierter Polymerer am Beispiel von Äthylen/Vinylacetat-Copolymeren[1]

Joachim Sobottka, Friedrich Keller und Klaus Wunderlich
Karl-Marx-Universität, Leipzig, Sektion Physik, Arbeitsgruppe „HF-Spektroskopie an Polymeren und Monomeren“

DK 678.744.422—134.22:543.422.23:539.22:539.194:539.199:53.096

Molekülparameter, wie Korrelationsfrequenz und Protonenabstände, werden mit den Linienformparametern, wie zweite Momente und Linienbreite, verglichen und Zusammenhänge formuliert. Hiervon ausgehend, werden Erfahrungen bei der Bestimmung von Parametern der molekularen Beweglichkeit, des Ordnungszustandes und von Übergangsbereichen mitgeteilt: Die Breitlinien-Kernresonanz liefert, isoliert angewendet, bei Polymeren keine quantitativen Aussagen und bedarf der Ergänzung durch die hochauflösende und Impuls Kernresonanz, die dielektrischen und mechanischen Relaxationsverfahren, die kalorischen und dilatometrischen Meßmethoden. Die Platzwechselbewegungen von Methylgruppen des Äthylen/Vinylacetat-Copolymeren finden noch unterhalb der Temperatur von —196°C statt. Das von uns angenommene Vier-Bereichs-Modell des Äthylen/Vinylacetat-Copolymeren erhält durch die kompliziert strukturierten B-NMR-Spektren eine wesentliche Stütze.

Широкополосный ЯМР неориентированных полимеров на примере сополимеров этилена с винилацетатом

Проведено сравнение молекулярных параметров (частота корреляции, расстояние между протонами) с параметрами линий (второй момент, ширина). Сообщается опыт, накопленный при определении параметров молекулярной подвижности, упорядоченности и переходных областей. Один широкополосный ЯМР для полимеров не дает количественной информации. Он должен быть дополнен методами ЯМР высокой разрешаемости и импульсного ЯМР, измерениями диэлектрической и механической релаксации, а также методами калориметрии и дилатометрии. Движение метильных групп сополимера этилена с винилацетатом, связанное с переменой места, осуществляется еще при температуре ниже —196°С. Предполагаемая нами модель четырех областей для данного сополимера в значительной степени утверждается широкополосными ЯМР спектрами со сложной структурой.

Broad Line NMR Resonance of Unoriented Polymers with Ethylene-Vinylacetate Copolymers as an Example

Molecular parameters, as correlation frequency and proton distance, are compared with line shape parameters as second moment and line width, and relationships are established. Experiences made in the determination of parameters of molecular motion, degree of order and transition regions are described. Broad line NMR provides by its own no quantitative information on polymers and requires additional experiments by high resolution and pulse NMR, dielectric and mechanical relaxation methods as well as calorimetric and dilatometric measurements. Rotations of methyl groups in ethylene-vinylacetate copolymers occur even below —196°C. The four-region model proposed by the authors is essentially supported by the complicated B-NMR spectra.

1. Grundlegende Beziehungen zwischen Molekülstruktur und B-NMR-Linienform

Die sehr allgemeine und umfangreiche Einführungsliteratur zur Breitlinienkernresonanz (B-NMR) erschwert die Abschätzung der Grenzen des Verfahrens und die richtige Spektreninterpretation, so daß hier zuerst die für die weitere Diskussion verwendeten Grundbeziehungen zusammengefaßt sein sollen:

Das B-NMR-Spektrum einer starren Protonenanordnung (d. h. bei sehr tiefen Temperaturen) ist glockenförmig und um so breiter, je größer die mittlere Protonendichte ist.

Erwärmt man die bei sehr tiefer Temperatur befindliche Probe langsam, so setzt ab einer bestimmten Temperatur, im allgemeinen bereits weit unterhalb des Schmelzpunktes, die molekulare Beweglichkeit ein. Die molekulare Beweglichkeit wird durch molekulare Platzwechselvorgänge realisiert.

[1]) Vorgetragen auf der Diskussionstagung des Fachverbandes Makromolekulare Chemie, Leipzig, am 5. 12. 1973.

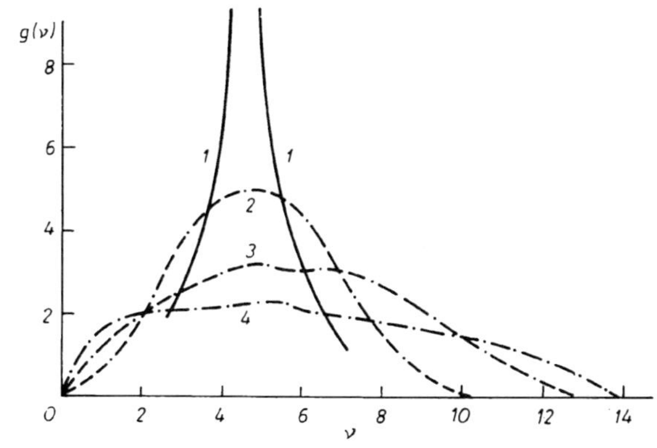

Bild 1. Prinzipielle Abhängigkeit der Linienform der B-NMR-Linie von der mittleren Umlagerungsfrequenz
1: $\nu_c = 10\Delta\nu_0$ 3: $\nu_c = \Delta\nu_0$
2: $\nu_c = 2\Delta\nu_0$ 4: $\nu_c = 1/100\Delta\nu_0$

Sie nimmt bei weiterer Erwärmung an Größe zu. NMR-spektroskopisch drückt sich das Einsetzen von Platzwechselvorgängen in einer Verschmälerung der Resonanzlinie aus. Der Verschmälerungsgrad hängt insbesondere von der Häufigkeit der Platzwechsel ab. Diese Verhältnisse sind auf Bild 1 für eine idealisierte Linienform dargestellt. Man erkennt insbesondere den Zusammenhang zwischen der Linienbreite $\Delta\nu_0$ der starren B-NMR-Linie und der mittleren Umlagerungsfrequenz, die als Korrelationsfrequenz ν_c bezeichnet wird [1].

Die für die Linienverschmälerung erforderliche Korrelationsfrequenz ν_c genügt der Bedingung:

$$\nu_c \geqq \Delta\nu_0. \tag{1}$$

Qualitativ richtig wird der Zusammenhang zwischen ν_c und $\Delta\nu_0$ in einer Beziehung von *Pake* und *Gutowsky* [2] wiedergegeben:

$$\nu_c = \frac{\alpha \cdot \Delta\nu}{\tan\left\{\frac{\pi}{2}\,[(\Delta\nu)^2 - (\Delta\nu_\infty)^2]/(\Delta\nu_0)^2\right\}}. \tag{2}$$

$\Delta\nu$ ist eine experimentell bestimmte Linienbreite, $\Delta\nu_\infty$ ist die Linienbreite bei extremer Verschmälerung und α ist nach *Kubo* und *Tomita* [3] eine Konstante mit $\alpha = 0{,}5$. Neben der Linienbreite $\Delta\nu$ stellt das zweite Moment M_2 [4] der Spektrallinie eine wichtige Größe dar. Das zweite Moment gestattet eine quantitative Beschreibung der Linienform und der Verschmälerung.

Für eine beliebige, aber starre und isotrop über die Probe verteilte Protonenanordnung gilt [5]:

$$M_2[\mathrm{Oe}^2] = 358{,}1 \cdot \frac{1}{N} \sum_{j<k} r_{ik}^{-6}\ [\text{Å}^{-6}]. \tag{3}$$

Hierin ist N die Anzahl der Protonen in der repräsentativen Protonenanordnung und r_{ik} der Abstand (in Å-Einheiten) zwischen den j-ten und dem k-ten Proton.

Für den Fall einer raschen Rotationsbewegung der starren Protonenanordnung ergibt sich der innermolekulare Anteil des zweiten Momentes dieser Protonenanordnung aus:

$$M_2\,\mathrm{intra} = \frac{1}{4}\,M^0_{2\mathrm{intra}} \tag{4}$$

(bei extremer Verschmälerung) [6].
Dabei gilt allgemein

$$M_2 = M_{2\mathrm{intra}} + M_{2\mathrm{inter}}. \tag{4a}$$

Hier ist M_2 das zweite Moment des Protonenspektrums der Probe, $M_{2\mathrm{intra}}$ der innermolekulare Anteil von M_2 und $M_{2\mathrm{inter}}$ der zwischenmolekulare Anteil von M_2. Die Ermittlung von $M_{2\mathrm{inter}}$ ist äußerst kompliziert und läßt sich experimentell durch Extrapolation [7] aus einer Meßreihe mit steigendem Deuterierungsgrad ermitteln. Zum zwischenmolekularen Anteil können bei Makromolekülen auch solche Kerne beitragen, die mehr als fünf Monomereinheiten entlang der Kette voneinander entfernt sind.

Die Fläche, als Intensität bezeichnet, der glockenförmigen B-NMR-Linienform, ist streng proportional zur Anzahl der Protonen. Die Linienform von Polymeren ergibt sich oberhalb der Glastemperatur im allgemeinen aus der Superposition von mehreren glockenförmigen Kurven verschiedener Breite.

Die in Bild 2, 3 und 4 angegebenen Spektren stellen die halbe erste Ableitung der superponierten Glockenkurven dar.

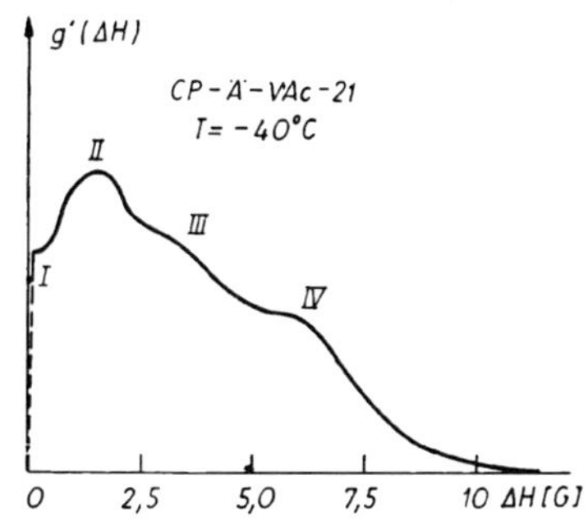

Bild 2. Linienform eines Äthylen/Vinylacetat-Copolymeren mit ~20 Masse% Vinylacetat bei einer Temperatur von −40 °C

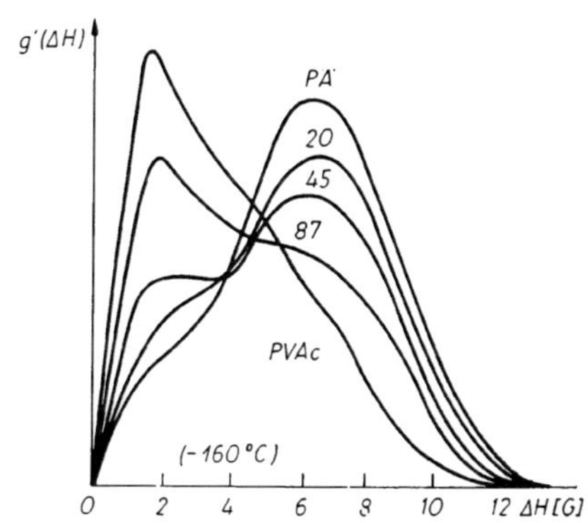

Bild 3. Tieftemperaturspektren ($T = -160$ °C) von Äthylen/Vinylacetat-Copolymeren mit 0, 20, 45, 87 und 100 Masse% Vinylacetatgehalt

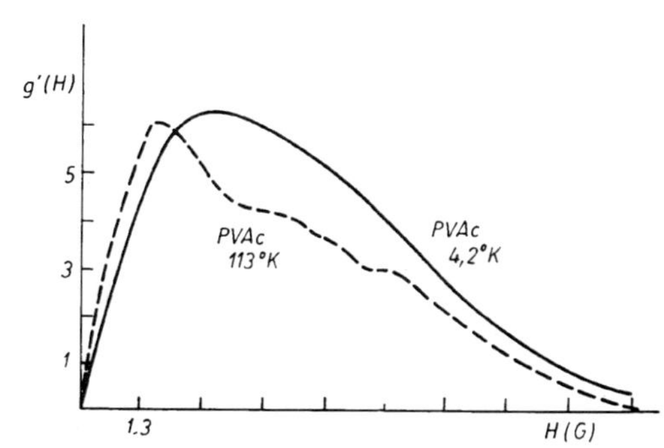

Bild 4. Vergleich der Linienform von Polyvinylacetat bei 4,2 °K und 113 °K

Tabelle 1. Aussagemöglichkeiten der B-NMR zur Bestimmung der molekularen Beweglichkeit

Parameter	direkt quantitativ	direkt qualitativ	indirekt quantitativ	indirekt qualitativ
Korrelationszeit	I-NMR $10^{-6} \ldots 10^{-8}$	$10^{-4} \ldots 10^{-5}$		
Aktivierungsenergie			I-NMR	×
Platzwechselmodell				
— Molekülgruppe			bei gezielter Deuterierung	×
— Freiheitsgrad der Bewegung		Spezialfälle	×	
— Bewegungszustand der Umgebung	bei gezielter Deuterierung	×		

2. *Die Aussagemöglichkeiten der B-NMR zur Bestimmung der molekularen Beweglichkeit*

Die Breitlinienresonanz ist eine äußerst empfindliche Methode zum Nachweis der molekularen Beweglichkeit. Die Grenzen ihrer Aussagemöglichkeiten, insbesondere für quantitative Untersuchungen, deuten sich in Gleichung (3) bis (4) an. In Tabelle 1 sind für die Parameter der molekularen Beweglichkeit, d. h. die Korrelationsfrequenz, die Aktivierungsenergie und das Platzwechselmodell die Aussagemöglichkeiten dargestellt.

Neben den in der Tabelle 1 aufgeführten drei Parametern der molekularen Beweglichkeit lassen sich auf dem indirekten Wege weitere Parameter für die Charakterisierung von Polymeren gewinnen, die hier der Vollständigkeit wegen genannt sein sollen:

Ordnungszustand:

Wenn morphologische Bereiche mit unterschiedlichem Ordnungsgrad existieren, dann weisen diese mit wachsendem Ordnungszustand eine steigende Protonendichte [8] auf.
Morphologische Bereiche größerer Protonendichte erzeugen im NMR-Spektrum eine Resonanzlinie größerer Breite. Daher ist das Spektrum eines realen Polymeren aus zwei oder mehr Komponenten zusammengesetzt, wenn mindestens zwei morphologisch unterschiedliche Bereiche vorhanden sind. Da die Unterschiede zwischen den einzelnen Komponenten bei fehlender molekularer Beweglichkeit nicht sehr groß sind, ist eine Unterscheidung dieser Komponenten nicht ohne weiteres möglich. Da jedoch die molekulare Beweglichkeit in den weniger geordneten Bereichen bei niedrigeren Temperaturen einsetzt, ist eine Identifizierung und weiterhin eine quantitative Bestimmung auf diese Weise möglich.

Übergangstemperaturbereiche:

Die durch dilatometrische, kalorische, mechanische oder dielektrische Messungen erfaßten thermodynamischen Übergänge sind mit der B-NMR ebenfalls erfaßbar und bei Messung der Temperaturabhängigkeit in ihrer Lage bestimmbar. Besonders wirkungsvoll kann die B-NMR zur Beschreibung der Beweglichkeit von isolierten Molekülgruppen ausgenutzt werden, die für den γ-Prozeß der mechanischen Moduln oder dielektrischen Größen typisch ist. Eine sehr ausgeprägte Verschmälerung der Kernresonanzlinie findet durch die generalisierte Beweglichkeit in wenig geordneten Bereichen beim Glasübergang (β-Prozeß) statt.

Das Erweichen der hochgeordneten Bereiche (α-Prozeß) läßt sich mit der B-NMR nur bei hochkristallinen Polymeren beobachten. Die Gewinnung von Aussagen über den α-Prozeß mit B-NMR ist in [9] versucht worden.

3. *Diskussion an einem speziellen Beispiel der Linienform der B-NMR-Spektren von Äthylen/Vinylacetat-Copolymeren*

Auf Bild 3 sind die Tieftemperaturspektren verschiedener Äthylen/Vinylacetat-Copolymerer gegenübergestellt. Die Ziffern an den halben differenzierten Spektren geben den Vinylacetatgehalt in Masse% an. PVAc ist die Abkürzung für Polyvinylacetat, PÄ für Hochdruckpolyäthylen.

Die sehr auffällige Abhängigkeit der Linienform vom Vinylacetat-Gehalt äußert sich einmal in einer Intensitätsvergrößerung des schmalen Peaks mit steigendem Vinylacetatgehalt. Die Verschmälerung der breiten Komponente wird auf diesem Bild nicht so deutlich. Die Interpretation der beiden Komponenten ist leicht durchführbar.

Die breite Komponente ist auf starre, mehr oder weniger geordnete morphologische Bereiche zurückzuführen, die zum überwiegenden Teil aus Äthylensequenzen bestehen. Die geringfügige Verschmälerung dieser Komponente mit steigendem VAc-Gehalt spiegelt die Vergrößerung des Anteils an wenig geordneten Äthylenbereichen mit ihrer geringen Protonendichte wider. Die Abnahme von relativ unbeweglichen Äthylenbereichen äußert sich in einem Verschwinden dieser breiten Komponente, die sich bei 87 Masse% andeutet und bei Polyvinylacetat vollzogen ist.
Die schmale Komponente wird von uns durch Vinylacetatgruppen interpretiert, wofür auch das Anwachsen der Intensität dieser Komponente mit zunehmendem VAc-Gehalt spricht. Die geringe Breite dieser Komponente war für uns überraschend, ließ sich aber leicht durch rotierende Methylgruppen deuten, die in Wechselwirkung mit einer starren Umgebung stehen.

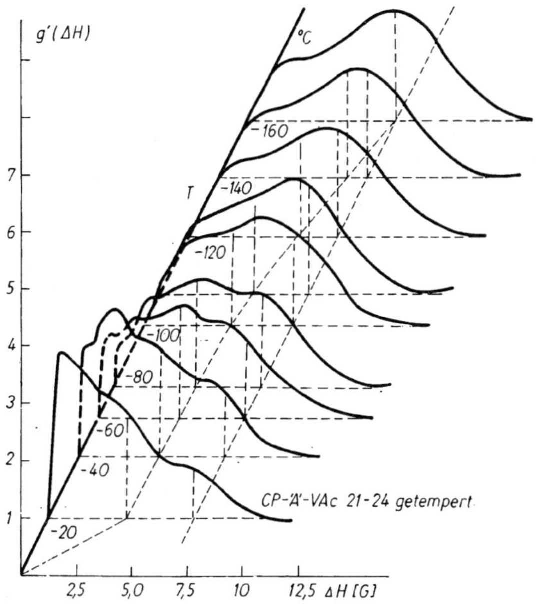

Bild 5. Temperaturabhängigkeit der Linienform eines Äthylen/Vinylacetat-Copolymeren mit ~20 Masse% Vinylacetat

Die Messungen, die von *Schwind* und *Lalowicz* an den gleichen Substanzen durchgeführt wurden, bestätigen, daß sich bei Heliumtemperatur, also bei 4,2 °K, die Linienform wesentlich verändert hat (Bild 4).

Weitere interessante Informationen erhält man bei der Betrachtung einer Temperaturabhängigkeit unterhalb der Zimmertemperatur.

So erkennt man auf Bild 5 z. B. bei Äthylen/Vinylacetat-Copolymeren mit ≈ 20 Masse% Vinylacetat bei steigender Temperatur eine auffällige Strukturierung, so daß bis zu vier Komponenten sichtbar sind, die unterschiedlichen Bereichen des teilweise erweichten Polymeren zuzuordnen sind. Bei einer Temperatur von —40 °C (siehe Bild 2) sind neben der starren, breiten Äthylenkomponente (IV) drei schmalere Anteile zu erkennen. Durch den Vergleich mit den Temperaturabhängigkeiten der Linienform bei anderen Vinylacetatkonzentrationen und durch die Vergleiche mit unseren weiteren dynamischen Messungen [12, 11] ergibt sich folgende qualitative Zuordnung:

Schmale Komponente (I)
: Kooperative Beweglichkeit in den Äthylenbereichen, die wegen störender kurzer Alkylgruppen (Verzweigungen, freie Kettenteile) oder Vinylacetatgruppen amorph sind, d. h. β-Relaxation in amorphen Äthylenbereichen.

Mittlere schmale Komponente (II)
: Isolierte Beweglichkeit kleiner Kettensegmente in amorphen, starren Äthylenbereichen (γ-Relaxation).

Mittlere breite Komponente (III)
: Segmentbeweglichkeit in den geordneten Äthylenbereichen (γ-Relaxation).

Breite Komponente (IV)
: Starre Molekülteile in den geordneten Äthylenbereichen und zu sehr geringem Anteil Hauptkettenprotonen in Bereichen mit hohem Vinylacetatgehaltanteil. Bei dem speziellen VAc-Gehalt von 20 Masse% ist der Beitrag der zuletzt genannten VAc-Protonen vernachlässigbar.

Wie schon in dem Vorstehenden angedeutet, ist die Interpretation der Linienform eines einzelnen, isolierten Spektrums nicht möglich. Vielmehr ist dazu die vollständige Temperaturabhängigkeit nötig und zur weiteren Absicherung der Ergebnisse die Untersuchung an einer homologen Reihe. Darüber hinaus sind noch zahlreiche Informationen notwendig, die wir selbst aus anderen hf-spektroskopischen Methoden, aus der mechanischen und dielektrischen Relaxation und aus kalorischen und dilatometrischen Messungen erhalten [12, 13]. Ein Nachteil unserer bisherigen B-NMR-Auswertung ist, daß uns eine getrennte Darstellung der einzelnen Spektrenkomponenten nicht möglich ist. Sollte das Problem der eindeutigen empirischen Spektrenzerlegung gelöst werden, würde dies die Aussagekraft der B-NMR-Methode weiter vergrößern.

Wir danken Herrn Prof. Dr. *W. Holzmüller* für sein förderndes Interesse an der Durchführung dieser Arbeit und Herrn Doz. Dr. *Roth* für zahlreiche helfende und kritische Hinweise.

Literatur

[1] *Alexandrow, I. W.:* Theorie der kernmagnetischen Resonanz. Leipzig: B. G. Teubner 1966.

[2] *Gutowsky, H. S.*, und *Pake, G. J.:* Structural investigations by means of nuclear magnetism. J. Chem. Physics **18** (1950) 2, S. 162—170.

[3] *Kubo, R.*, und *Tomita, K.:* A general theory of magnetic resonance absorption. J. Physic. Soc., Japan **9** (1954) S. 888—919.

[4] *van Vleck, J. H.:* The dipolar broadening of magnetic resonance lines in crystals. Physic. Rev. **74** (1948) S. 1168—1183.

[5] *Freude, D.*, *Müller, D.*, und *Schmiedel, H.:* On the line shape problem of proton resonance spectra of hydroxyl groups on solid surfaces. Surface Sci. **25** (1971) S. 289—297.

[6] *Abragam, A.:* The Principles of Nuclear Magnetism. Oxford. Clarendon Press 1962.

[7] *Andrew, E. R.*, und *Eades, R. G.:* A nuclear magnetic resonance investigation of three solid benzenes. Proc. Roy. Soc. A **218** (1953) S. 537—552.

[8] *Hosemann, R.*, und *Motzkus, F.:* Analyse der kontinuierlichen Kleinwinkelstreuung amorpher kolloidaler Systeme. Makromol. Chemie **39** (1960) S. 79—95.

[9] *Bergmann, K.*, und *Nawotki, K.:* Eine neue Interpretation von Breitlinien-Kernresonanzspektren von linearem Polyäthylen. Teil I: Kolloid-Z. u. Z. Polymere **219** (1967) 2, S. 132—144. Teil II: Ber. Bunsenges. physik, Chemie **74** (1970) 8/9, S. 912—919. NMR-Untersuchungen des Relaxationsverhaltens von Polyäthylen. Kolloid-Z./Z. Polymere **250** (1972) 11/12, S. 1094 bis 1104.

[10] *Schwind, H.*, und *Lalowicz, Z. T.:* Persönliche Mitteilung.

[11] *Fritzsche, B.*, *Trettin, R.*, und *Sobottka, J.:* Komplexe Untersuchungen der molekularen Beweglichkeit in teilkristallinen Kopolymeren an Äthylen und Vinylacetat I. Plaste u. Kautschuk **20** (1973) 2, S. 125—132.

[12] *Fritzsche, B.*, und *Trettin, R.:* Komplexe Untersuchungen der molekularen Beweglichkeit im teilkristallinen Festkörper. Dissertation Leipzig 1972.

[13] *Holzmüller, W.*, und *Altenburg, K.:* Physik der Kunststoffe. Berlin: Akademie-Verlag 1961.

Eingegangen am 23. April 1974

Neue Bücher

Polyvinyl Alcohol. Properties and Applications.. Hgg. von *C. A. Finch*. London/New York/Sydney/Toronto: Wiley & Sons. XVIII, 622 S. Lwd. £ 14.00.

Die von *Finch* unter Mitwirkung namhafter Wissenschaftler herausgegebene Monographie faßt die nach der 1924 *Herrmann* und *Haehnel* geglückten Herstellung von Polyvinylalkohol aus Polyvinylestern in 50jähriger Forschungstätigkeit auf diesem Gebiet erzielten Ergebnisse hervorragend gegliedert zusammen. Die gründliche Arbeit, die hier geleistet wurde, findet nicht zuletzt ihren Ausdruck in den mehr als 2000 Literaturhinweisen, wobei die zahlreich angemeldeten Patente einen breiten Raum einnehmen. Ein besonderes Verdienst des Herausgebers ist darin zu sehen, daß es ihm gelungen ist, führende japanische Forscher als Autoren für einzelne Kapitel zu gewinnen, zumal gerade in Japan bahnbrechende Arbeiten über Polyvinylalkohol durchgeführt wurden. So schufen *Sakurada* u. Mitarb. die Grundlagen für die Erzeugung von Faserstoffen aus diesem Vinylpolymeren, deren industrielle Produktion in den 50iger Jahren in Japan aufgenommen wurde, aber bis heute keine weltweite Bedeutung erlangt hat. Eingehende Studien der Synthese sowie Struktur/Eigenschafts-Beziehungen eröffneten Polyvinylalkohol weiterhin den Einsatz in Textilhilfsmitteln und Klebstoffen, in der Papierindustrie, als Emulsionsstabilisator und dgl. mehr. Das mit diesen Erkenntnissen wachsende allgemeine Interesse an dem hier betrachteten Vinylpolymeren dokumentierte sich auf den 1955 und 1958 in Osaka sowie 1967 in Bradford durchgeführten Symposien. Bemerkenswert ist, daß heute mehr als die Hälfte der Weltjahresproduktion an Polyvinylalkohol, die 1974 mit 500000 t erwartet wird, Japan erzeugt. Eingedenk dieser Tatsache scheint es deshalb von besonderem Wert, daß durch die Beteiligung japanischer Autoren nunmehr dem interessierten Leser zahlreiche Details in der leichter zugänglichen englischen Sprache vorliegen. So fand z. B. durch freundliche Genehmigung der Kobunshi Kankokai die von *Toyoshima* verfaßte Artikelserie weitgehend Eingang in die hier rezensierte Monographie, die in 21 Kapiteln zu Fragen der Synthese und Eigenschaften von teilweise oder total hydrolysiertem Polyvinylacetat sowie Copolymeren umfassend informiert und viele neue und wertvolle Ergebnisse betreffs spezifischer Anwendungen vermittelt.

Nachdem in der vom Herausgeber geschriebenen Einleitung dem Leser einige Daten über die Entwicklung der Polyvinylalkoholproduktion an die Hand gegeben worden sind, erfährt er im ersten Kapitel (*H. Winkler*) nähere Einzelheiten über die historische Entwicklung der Polyvinylalkohol-Forschung und praktische Anwendung der erzielten Ergebnisse. Im Kapitel 2 beschäftigt sich *Toyoshima* mit den allgemeinen Eigenschaften des Polyvinylalkohols in bezug auf seine Anwendung, wobei wäßrige Lösungen verständlicherweise einen breiten Raum einnehmen und Faktoren, die die rheologischen Eigenschaften, Grenzflächenspannung und Adhäsion beeinflussen, eingehend betrachtet werden.

Die Kapitel 3 bis 7 verfaßte *K. Noro* von der Nippon Gohsei Co. Ltd. Nach einer Betrachtung der Methoden und des Mechanismus der Vinylacetatpolymerisation wird ausführlich der Einfluß der Polymerisationsbedingungen auf die Eigenschaften des in der zweiten Stufe durch Hydrolyse erhaltenen Polyvinylalkohols dargestellt (156 Lit.). Der Hydrolyse selbst ist das 30 Seiten umfassende Kapitel 4 (152 Lit.) gewidmet; Grundprinzipien, eine wertende Betrachtung der verschiedenen Methoden sowie Fragen des Mechanismus und des Einflusses der Hydrolysebedingungen auf die Eigenschaften und Qualität des Endproduktes bilden den Gegenstand der Betrachtung. Im nächsten Kapitel findet der Leser in kurzer Form einige technologische Aspekte hinsichtlich Polymerisation, Hydrolyse und Rückgewinnung von Monomeren und eingesetzten Lösungsmitteln. In den Kapiteln 6 und 7 zeigt der Autor Möglichkeiten zur Herstellung von Polyvinylalkohol, die nicht von Vinylacetat ausgehen, und gibt einen Überblick über die Modifizierung von Polyvinylalkohol durch Copolymerisation, wobei die Aufmerksamkeit des Lesers insbesondere auf die Frage der partiellen Verseifung gelenkt wird.

Einen Beitrag über die thermischen Eigenschaften des Polyvinylalkohols, sowohl in Substanz als auch im gelösten Zustand, schrieben *R. K. Tubbs* und *Ting Kai Wu*. In Kapitel 9 legt der Herausgeber *C. A. Finch* die chemischen Eigenschaften des Polyvinylalkohols dar, die durch die Reaktionsfähigkeit der sekundären OH-Gruppen geprägt werden; Veresterung- und Verätherungsreaktionen sowie die Bildung von Acetalen und Ketalen stehen im Vordergrund und bilden den Gegenstand zahlreicher Patente, die der näher interessierte Leser unter den 210 Literaturzitaten aufgeführt findet. Der gleiche Autor verfaßte auch das Kapitel 10 „Stereochemistry of Polyvinyl Alcohol", in dem einerseits die Abhängigkeit der Stereoregularität von dem Ausgangsmonomeren gezeigt und andererseits die Kristallisierbarkeit und Löslichkeit beleuchtet werden, wobei auf den Einfluß von 1,2-Glykolstrukturen und Kettenverzweigungen eingegangen wird.

Die nachfolgenden Kapitel sind den vielseitigen Einsatzgebieten des Polyvinylalkohols gewidmet; überrachenderweise findet man aber kein Kapitel, das speziell dem Erspinnen von Faserstoffen gewidmet ist. Beim Lesen dieser von verschiedenen Autoren geschriebenen Beiträge wird ein Grundanliegen dieses Buches deutlich, nämlich bewußt werden zu lassen, daß die erfolgreiche Erschließung der breiten Anwendungspalette des Polyvinylalkohols vor allem auf das eingehende Studium seiner Struktur/Eigenschafts-Beziehungen zurückzuführen ist; einprägsam werden Ergebnisse der Grundlagen- und Applikationsforschung mit Fragen der praktischen Nutzung verknüpft.

Das Kapitel 11 „Use of Polyvinyl Alcohol in Warp Sizing and Processing of Textile Fibres" (*K. Tsunemitsu* und *H. Kishimoto*) wendet sich speziell an den Textilfachmann und bietet ihm in Form von Tabellen und graphischen Darstellungen eine Fülle interessanter Zusammenhänge. In gleicher Weise wurde das Kapitel 12 „Use of Polyvinyl Alcohol in Paper Manufacture" (*K. Tsunemitsu* und *Y. Murakami*) abgefaßt, wobei allerdings einige Verwechslungen der Diagrammbeschriftungen unterliefen. Die folgenden vier Kapitel sind aus der Feder des japanischen Forschers *K. Toyoshima*, wobei das Thema „Properties of Polyvinyl Alcohol Films" mit 50 Seiten am umfassendsten ist und auch auf Einsatzgebiete hinweist. Die anderen Beiträge lauten: „Reactions of Polyvinyl Alcohol with Clay", „Acetalization of Polyvinyl Alcohol", „Applications of Polyvinyl Alcohol in Adhesives".

Das von *E. V. Gulbekian* und *G. E. J. Reynolds* verfaßte Kapitel 17 „Polyvinyl Alcohol in Emulsion Polymerization" ist der Emulgator- und Schutzkolloidwirkung des Polyvinylalkohols gewidmet und beleuchtet in knapper Form Wechselwirkungen mit Initiatoren, mögliche Pfropfungsreaktionen sowie die Herstellung und Stabilität der zur Polymerisation angewandten Emulsionen; daneben wird aber dem tiefer interessierten Leser in Form von 230 Literaturstellen weiteres Studienmaterial in die Hand gegeben.

Das Kapitel „Photosensitized Reactions of Polyvinyl Alcohol used in Printing Technology and Other Applications" (*B. Duncalf* und *A. S. Dunn*) informiert über die praktische Nutzung der Lichtempfindlichkeit des Polyvinylalkohols in der Drucktechnik, bei der die photochemische Reaktion mit Bichromat, deren Mechanismus offenbar noch nicht völlig aufgeklärt ist, eine wichtige Rolle spielt. In diesem Zusammenhang findet das besondere Interesse des Lesers natürlich auch der Abschnitt über die Anwendung des photochemischen Unlöslich-Machens des mit Bichromat modifizierten Polyvinylalkohols zur Herstellung von Bildschirmen für Farbfernsehempfänger. Ein anderes mit dem Licht verknüpftes Einsatzgebiet ist die Herstellung von blättchenförmigen Polarisatoren, Lichtfiltern und photographischen Silberhalogenid-Emulsionen, das von *H. C. Haas* im Kapitel 19 „Polyvinyl Alcohol in Optical Films" behandelt wird. Die hierzu geleistete Forschungsarbeit findet ihren Ausdruck in 348 angeführten Literaturstellen, von denen zahlreiche Patentanmeldungen sind. Die letzten beiden Kapitel „Moulded Products from Polyvinyl Alcohol" und „Miscellaneous Applications of Polyvinyl Alcohol" wurden wiederum von *K. Toyoshima* geschrieben, und sie weisen auf einige weitere Anwendungsmöglichkeiten dieses synthetischen Polymeren hin.

Ergänzend ist den 21 Kapiteln ein dreiteiliger Anhang angefügt, der über einige spezielle Fragen zusammenfassend informiert. Der erste Teil beschäftigt sich mit der Verträglichkeit von Polyvinylalkohol und anderen wasserlöslichen Hochpolymeren, wobei der Autor *K. Toyoshima* die Problematik vom thermodynamischen Standpunkt aus beleuchtet. Im zweiten Teil gibt er einige methodische Hinweise zur Herstellung von Polyvinylalkohollösungen. Abschließend werden vom Herausgeber *C. A. Finch* einige analytische Methoden zur Charakterisierung von Polyvinylalkohol beschrieben.

Ein ausführliches Namen- und Sachverzeichnis erleichtert die Nutzung dieses in vorzüglicher Aufmachung herausgegebenen Buches, das sowohl dem kompetenten Forscher als auch Praktiker einen umfassenden Überblick bietet und für denjenigen, der sich in dieses spezielle Fachgebiet einarbeiten will, eine wertvolle Hilfe bedeutet. Nicht zuletzt stellt diese Monographie eine für alle auf dem Gebiet der Polymerchemie tätigen Wissenschaftler interessante und anregende Lektüre dar. *G. Mann*

Progress in Polymer Science. Japan. Vol. 5. Hgg. von *Kazutomo Imahori* und *Shunsuke Murahashi.* Tokyo: Kodansha Ltd., und New York/London/Sydney/Toronto: Wiley & Sons 1973. IX, 308 S.; Lwd. £ 8,75.

In dem relativ kurzen Zeitraum von zwei Jahren, von 1971 bis 1973, gelang die Herausgabe von fünf Bänden der Fortschrittsberichte über die Polymerwissenschaft in Japan — eine wissenschaftliche und verlegerische Leistung, die höchste Anerkennung verdient. Bei dem hier zur Diskussion stehenden Band 5 werden wie in den vorausgegangenen Bänden hochaktuelle Gebiete der Polymerwissenschaft von japanischen Autoren als Übersicht über im wesentlichen japanische Arbeiten, aber stets unter Berücksichtigung der Arbeiten in anderen Ländern dargestellt. Die Aktualität der Literaturzitate — sie reichen zum Teil bis in das Jahr 1972 — ist hervorragend, das gleiche gilt für Ausstattung und Druck. Von den fünf Beiträgen dieses Bandes befassen sich drei mit Problemen der Polymersynthese und zwei mit Polymereigenschaften.

J. Furukawa behandelt im ersten Beitrag mit dem Titel „Alternierende Copolymere von diolefinischen und olefinischen Verbindungen" Synthese, Struktur und Eigenschaften von alternierenden Copolymeren, die in Gegenwart komplexbildender Metallhalogenide bzw. Alkylaluminiumhalogenide hergestellt werden. Besondere Berücksichtigung finden die alternierenden Butadiencopolymeren mit Acrylnitril, Äthylen und Propylen. Die unterschiedlichen Vorstellungen über den Mechanismus dieser Copolymerisationsreaktion werden im Zusammenhang mit den Problemen der EDA-Komplexbildung in den Systemen kritisch diskutiert. Für den Nachweis des alternierenden Charakters der Copolymeren durch NMR-spektroskopische Untersuchungen führt *Furukawa* Beispiele an und weist gleichzeitig auf besonders vorteilhafte Elasteigenschaften der alternierenden Butadiencopolymeren hin.

J. Noguchi befaßt sich in dem Kapitel „Untersuchungen über Poly-α-aminosäuren" mit der Polymerisationsmethodik, der katalytischen Aktivität und Fasern aus dieser Substanzklasse, wobei auch hier eine glückliche Einheit der Darstellung für Synthese und Charakterisierung gefunden wurde. Die Bedeutung der N-Carbothiophenylaminosäure-Methode zur Synthese von Copolymeren mit definierten Sequenzen wird anschaulich gemacht durch die erfolgreiche Herstellung von Modellsubstanzen für den kristallinen Anteil von Bombyx-mori-Seidenfibroin und einer großen Anzahl von Copoly-α-aminosäuren als Enzymmodelle. Die katalytische Aktivität der letzteren bei der Hydrolyse von p-Nitrophenylacetat in Abhängigkeit von den Wechselwirkungen der funktionellen Gruppen wird besonders ausführlich beschrieben. Im letzten Teil dieses Beitrags werden Probleme der Herstellung einschließlich des Spinnens von Faserstoffen aus Poly-α-aminosäuren zusammengestellt. Diese Faserstoffe besitzen je nach Sekundärstruktur Naturseiden- bzw. Wollcharakter, ihre Bedeutung wird im wesentlichen in der Rolle von Modellsubstanzen für Strukturuntersuchungen an tierischen Naturfaserstoffen zu sehen sein.

Einem speziellen Problem der Polymerisation im festen Zustand ist der nächste Beitrag von *M. Hasegawa, Y. Suzuki, H. Nakanishi* und *F. Nakanishi* mit dem Titel „Vierzentrentyp-Photopolymerisation im kristallinen Zustand" gewidmet. Durch Bestrahlung mit sichtbarem oder ultraviolettem Licht ergeben diolefinische Monomere der Struktur Ar'—CH—CH—Ar—CH=CH—Ar' (Ar'=Aryl- und Ar=Arylengruppe) im kristallinen Zustand lineare hochkristalline Polymere mit Cyclobutaneinheiten in der Hauptkette. Der Mechanismus dieser Polymerisation als einer Reaktion mit direkter Umlagerung vom Monomerkristall zum Polymerkristall, wobei der resultierende Kristall genau die molekulare Anordnung im ursprünglichen Kristall dupliziert, wird durch Ergebnisse von kinetischen Untersuchungen der Polymerisation, von Struktur- und kristallographischen Analysen nachgewiesen. Bedeutung können sowohl die Polymerisationsreaktion als auch die Polymeren nach Meinung der Autoren als Modelle für natürliche Polymere erlangen.

M. Kaneko gibt im vierten Kapitel eine Übersicht über „Viskoelastische Eigenschaften von verdünnten Polymerlösungen". Ergebnisse von experimentellen Untersuchungen werden mit quantitativen Aussagen von theoretischen Modellen, besonders denen von *Rouse* und *Zimm*, der Viskoelastizität verglichen. Die Besonderheiten der viskoelastischen Eigenschaften von stäbchenförmigen Makromolekülen in verdünnten Lösungen und von Polyelektrolyten in wäßrigen Lösungen sind gesondert abgehandelt worden.

Der letzte Beitrag dieses Bandes von *Y. Kobatake* und *N. Kamo* beschäftigt sich mit „Transportprozessen in geladenen Membranen". Anhand experimenteller Ergebnisse werden Ursachen für Abweichungen von der quantitativen Theorie des Membranpotentials diskutiert und die Permselektivität als geeigneter Parameter zur Charakterisierung von Membran/Elektrolyt-Systemen eingeführt. Im zweiten Teil dieses Kapitels sind Einflüsse der Ladungsdichte auf hydrodynamische Eigenschaften von Membranen beschrieben und die osmotischen Flüsse theoretisch analysiert, so daß eine befriedigende Interpretation der anormalen Osmose von geladenen Membranen resultiert.

Der bereits angekündigte Band 6 verspricht eine kontinuierliche Fortsetzung dieser Reihe von Fortschrittsberichten und darf mit Spannung erwartet werden. *B. Sandner*

Water Structure at the Water-Polymer Interface. Hgg. von *H. H. G. Jellinek.* New York/London: Plenum Press 1972. X, 182 Seiten. Lwd. $ 19.00.

Die Struktur des Wassers, die Hydratation von Makromolekülen und ähnliche Probleme insbesondere im Zusammenhang mit Wasserstoffbrückenbindungen sind für die Biologie und die Polymerforschung von wesentlicher Bedeutung. So ist seit Jahren bekannt, daß z. B. die Struktur des Wassers in lebenden Zellen oder die Hydratation der Proteinmoleküle in Verbindung mit ihren Konformationsveränderungen eine erhebliche Rolle für die Funktion und das Leistungsvermögen von Lebensprozessen spielt.

Das von *Jellinek* herausgegebene Buch enthält die Vorträge, die anläßlich des 161. Meetings der Amerikanischen Chemischen Gesellschaft zur Problematik der Wasserstruktur an der Wasser/Polymer-Grenzfläche vom 30. 3. bis 1. 4. 1971 in Los Angeles gehalten wurden.

Ling beschäftigt sich mit der Proteinhydratation, wobei das strittige Problem des Polywassers berührt wird. Es wird gezeigt, daß die Hydratation von Proteinen und allgemein Makromolekülen längs der Ketten an den Seitengruppen stattfindet. In diesem Beitrag wird auf die Bedeutung der NMR-Technik für die Untersuchung des Wasserstruktur-Problems hingewiesen. Diese Untersuchungsmethode spielt auch in den meisten anderen Beiträgen eine wesentliche Rolle. Von *Cope* wird mit Hilfe von NMR- und Adsorptionsmessungen nachgewiesen, daß das Wasser in biologischen Zellen eine deutlich andere Struktur besitzt als flüssiges Wasser. *Hansen* und *Yellin* kommen unter Benutzung der NMR-Technik in Verbindung mit IR-spektroskopischen Messungen zu demselben Ergebnis, daß das Wasser in der Umgebung von Proteinmolekülen mehr strukturiert ist im Vergleich zu reinem, flüssigem Wasser. *Tait* u. a. sprechen in ihrem Beitrag zur Hydratation von Kohlenhydratmolekülen von zwei Typen von gebundenem Wasser in der

Nähe dieser Makromoleküle. Von besonderem Interesse ist die Beweglichkeit von Wasser in gequollenen Polymeren. Von *Peterlin* u. a. wurde die Diffusion als eine Funktion der Hydratation an verschiedenen Gelen mit Hilfe der NMR- und DSC-Technik untersucht. Es konnte festgestellt werden, daß das Wasser in gequollenen Polymeren von freiem Wasser verschieden ist und der tatsächliche Zustand schwierig zu charakterisieren ist. In einem weiteren Beitrag benutzten *Reeves* und *Kaiser* wasserlösliche Farbstoffe als Indikatoren für die Veränderungen in der Wasserstruktur. Sie fanden, daß die alkalische Hydrolyse von Farbstoffen durch die Solvatation der Moleküle beeinflußt wird.

Gross beschäftigt sich mit einem Phänomen (*Workman/Reynolds*-Effekt), das auf der Beobachtung der elektrischen Ladungstrennung an einer fortschreitenden Eis/Lösungs-Grenzfläche beruht. An der fortschreitenden Eisgrenzfläche werden bestimmte Ionen bevorzugt adsorbiert, wodurch ein Gefrierpotential erzeugt wird. *Rasmussen* und *MacKenzie* diskutieren in einem Beitrag die freien Energien der Eis/Lösungs-Grenzflächen, die von den verschiedenen gelösten Stoffen herrühren. Aus den Veränderungen dieser freien Energien können Schlußfolgerungen gezogen werden, ob die gelösten Stoffe in der Grenzfläche im Überschuß vorhanden sind. In einem weiteren Beitrag befassen sich diese Autoren mit der Wechselwirkung in dem System Wasser/Polyvinylpyrrolidon bei niedrigen Temperaturen mittels Sorptionsmessungen.

Für die Polymeren- und die biologische Forschung besteht heute ein großes Interesse für die Untersuchung und Aufklärung der Hydratation von Makromolekülen und des Zustandes von Wassermolekülen in hydrophilen Polymeren. Für alle diejenigen Forscher, die sich mit dieser komplexen Problematik befassen, gibt das Buch zunächst interessante Informationen über den Stand der Kenntnisse, aber auch insbesondere Anregungen über methodische Möglichkeiten der Untersuchung der Wasserstruktur an der Wasser/Polymer-Grenzfläche. Es ist deshalb vor allem denjenigen in der Polymerforschung Tätigen zu empfehlen, die sich mit der Untersuchung von Polymergelen, deren Bildung, Quellung usw., aber auch mit dem Transport von Wasser durch Gelmembranen beschäftigen. *H. J. Purz*

Experiments in Polymer Science. Von *Edward A. Collins, Jan Bareš* und *Fred W. Billmeyer jr.* New York/London/Sydney/Toronto: Wiley & Sons 1973. IX, 530 S. Kunststoffeinb. £ 8.50.

Das Angebot an Monographien über die Experimentierkunst in der Polymerwissenschaft ist im Vergleich zu dem über Chemie, Physik und Technologie der Polymeren sehr schmal, es wird bereichert und erweitert durch das vorliegende Buch. Die Autoren gliederten es in drei Teile, von denen zwei der allgemeinen Versuchsmethodik und ihren wissenschaftlichen Grundlagen (323 S.) und eines der eigentlichen Versuchsbeschreibung (164 S.) vorbehalten sind, mit folgendem Aufbau:

I. Einführung in die Polymersynthesetechniken
1. Polymerbildungsmechanismen
2. Polymerbildungsbedingungen
3. Stoffe und ihre Reinigung
4. Experimentelle Methoden und Apparaturen
5. Verfolgen des Polymerisationsablaufs

II. Einführung in die Polymercharakterisierungstechniken
6. Vorprüfung von Polymereigenschaften
7. rel. Molekülmasse und deren Verteilung
8. Polymermorphologie
9. Thermische Eigenschaften
10. Struktur/Eigenschafts-Beziehungen

III. Versuche
A. Syntheseversuche
B. Versuche zum Messen der rel. Molekülmasse und deren Verteilung
C. Versuche zur Morphologie und zu thermischen Eigenschaften
D. Versuche über Struktur/Eigenschafts-Beziehungen

Allen Versuchsbeschreibungen liegt ein Gliederungsschema mit Einführung; Prinzip; Anwendbarkeit; Genauigkeit; Sicherheitsbetrachtungen; Apparatur; Reagenzien und Stoffe; Herstellung; Ablauf; Grundgleichungen; Berechnungen; Protokoll; Bemerkungen; Literaturhinweise zugrunde. Jedem Kapitel ist ein umfangreiches und sehr aktuelles Literaturverzeichnis nachgestellt, in denen sogar Originalarbeiten bis 1972 zitiert werden. Ein Anhang enthält Angaben über kommerzielle Standardpolymerproben einschließlich ihrer Kennwerte, Eigenschaften von ausgewählten Polymeren und Eigenschaften der in den Versuchen anzuwendenden Monomeren und Lösungsmittel in Tabellenform sowie eine kurze Abhandlung über Meßfehler und die statistische Auswertung der Meßdaten.

Fotos und/oder Schemazeichnungen von den beschriebenen Apparaturen und Geräten stellen wertvolle Hilfen für den Leser dar, das gilt auch für die vielen Diagramme und ausgezeichneten tabellarischen Zusammenstellungen. Besondere Sorgfalt verwandten die Autoren auf die Darstellung von Struktur/Eigenschafts-Beziehungen unter dem Gesichtspunkt der Polymeranwendung als Werkstoff und Konstruktionsmaterial, wobei darauf hingewiesen wird, daß oft der Preis die wichtigste Eigenschaft eines Polymeren ist — ein Ausdruck der Industrieerfahrungen der Autoren. Die Charakterisierung sahen sie insgesamt als Schwerpunkt bei der Anlage des Buches, sie nimmt entsprechend fast drei Viertel des Umfangs ein.

Das Buch wurde im Rotaprintverfahren hergestellt und damit sicher ein merklicher Gewinn an Aktualität erzielt, der aber von dem Nachteil eines größeren Umfangs bzw. Papierbedarfs als bei normalem Buchdruck begleitet wird. Druckfehler oder vielmehr Tippfehler konnte der Rezensent nur auf S. 11, wo einmal fälschlich Kombinationsabbruch statt Disproportionierungsabbruch erläutert wird, und auf S. 315 in der grafischen Darstellung entdecken.

Die Autoren schrieben dieses Buch für Studenten, die ein Praktikum auf dem Polymergebiet absolvieren, sowie für Polymerwissenschaftler und -technologen in der Industrie. Den Studenten ist es als Grundlagenlehrbuch und als Praktikumsbuch, allerdings von unhandlichem Format, uneingeschränkt zu empfehlen, während die Eignung für die zweite Gruppe doch stärker von der individuellen Aufgabenstellung ihrer Leser abhängig sein wird, als es die Autoren in ihrem Vorwort ausdrücken. *B. Sandner*

Polyurethane. Von *Robert Becker.* (Reihe: Polytechnische Bibliothek). Leipzig: Fachbuchverlag 1973. 274 S. M 5,50.

Der Verfasser dieses Buches ist nicht nur als ein hervorragender Forscher auf dem Gebiet von Polyurethanen, sondern auch durch seine Vortragstätigkeit im Rahmen der Gesellschaft zur Verbreitung wissenschaftlicher Kenntnisse „Urania" weitgehend bekannt. Seine Veröffentlichungen und Vorträge zeichnen sich durch eine klare und harmonische Darlegungsart aus, wobei die neuesten Erkenntnisse bzw. Errungenschaften auf dem Gebiet der Polyurethane stets an einer Reihe überzeugender Beispiele bzw. Demonstrationsversuche bekräftigt werden.

Das gleiche kann auch für dieses Buch gesagt werden, das nach den einleitenden Worten des Verfassers dem Leser einen kurzen Überblick über die Synthese, Eigenschaften und Anwendungsmöglichkeiten von Polyurethanen vermitteln soll. Systematisch wird auf die Ausgangs-, Hilfs- und Zwischenprodukte, dann auf die Synthese von Polyurethanen eingegangen. Besprochen werden die Anwendungen als Elastomere, Faserstoffe, Gießharze, Schaumstoffe, Klebstoffe, Lacke, Kunstleder usw. Hingewiesen wird auf einige neue Entwicklungen auf diesem Gebiet (Ionomere usw.) Anschließend werden einige PUR-Systeme des VEB, Synthesewerk Schwarzheide und des VEB Lacke und Farben, Berlin, angeführt.

Wie Prof. Dr. *G. Keil*, Leiter des Forschungsbereichs Chemie der Akademie der Wissenschaften der DDR, in seinem Geleitwort zu diesem Buch mit Recht sagt, stellt dieses Material ein wertvolles Arbeitsmittel für Plastanwendungsingenieure dar, bietet ferner jedem Chemiker und Ingenieur und darüber hinaus jedem interessierten Werktätigen die Möglichkeit, sich über die Chemie und Praxis der Polyurethane zu informieren. Auch für solche Polymerchemiker, die mit dem Problem nicht unmittelbar zu tun haben, wird dieses Buch von großem Nutzen sein.

W. Dawydoff

Handbook of Plastics Test Methods. Von *G. C. Ives, J. A. Mead* und *M. M. Riley.* London: Iliffe Books 1971. XII, 476 S. Kunststoffeinb. £ 10.

Schon ein Durchblättern des vorliegenden Buches zeigt, daß es in erster Linie für den Prüfpraktiker geschrieben ist. Neben vielen wissenswerten Hinweisen, die in „Handbüchern" sonst selten zu finden sind, beschreibt es vorwiegend die von der ISO als Internationaler Standardisierungsorganisation und den Standardisierungsinstitutionen Großbritanniens, der Vereinigten Staaten und der Bundesrepublik Deutschland festgelegten Prüfverfahren, geht aber auch auf nichtstandardisierte, literaturkundige Prüfverfahren für Kunststoffe ein. Das Buch ist in 17 Kapitel gegliedert und endet mit einem kombinierten Namen- und Sachregister.

Nach einer „Einführung in die Prüfung von Kunststoffen" (Kapitel 1, 17 S., 31 Lit.) mit allgemeinen Bemerkungen zur Prüfung, zur Form des Prüflings, zur Probenahme und Probenvorbereitung, zur mathematischen Statistik, zur Qualitätskontrolle und zur Frage der Repräsentation und der Grenzen der Meßergebnisse folgen die „Verständigungs-, und Beschaffenheitsstandards" (Kap. 2, 34 S., 14 Lit.). Neben der Behandlung allgemeiner Fragen zur Organisierung der Standardisierung sind hier 74 Anschriften der Mitgliedskörperschaften der ISO sowie der Standardisierungsorganisation der USA und Großbritanniens zusammengestellt. Außerdem sind die Nummern und Bezeichnungen von etwa 180 britischen und 130 ISO-Standards oder -Standardentwürfen enthalten. Wie schnell allerdings die internationale Standardisierung jetzt voranschreitet ist unter anderem daran zu erkennen, daß als höchste ISO-Nummer 1675 angegeben ist, während inzwischen bereits die Nummer 3000 vergeben wurde.

Das Kap. 3 „Vortrocknungs- und Prüfklimate" gibt die von der ISO empfohlenen und in Großbritannien, den USA und der BRD angewendeten Klimate sowie die Bedingungen an, die an Klima-Schränke und -Räume zu stellen sind (8 S., 2 Lit.). Es enthält auch eine Tabelle mit den rel. Luftfeuchten über gesättigten Salzlösungen (Bodenkörperlösungen) für den Temperaturbereich zwischen 5 und 50 °C.

Mit der „Charakterisierung der Polymerstruktur und Teilchengröße durch Lösungsviskosimetrie" befaßt sich Kap. 4 (14 S., 35 Lit.). Neben den verschiedenen Beziehungen der mittleren rel. Molekülmasse werden die Lösungsviskosimeter und die für Kunststoffe in den unterschiedlichsten Prüfstandards festgelegten Bedingungen erläutert.

Von „Dichte, Dichteverhältnis und Abmessungen" handelt Kap. 5 (7 S., 6 Lit)., wobei auf Pyknometer-, Dichtegradient- und Flotationsverfahren und die Bestimmung der Abmessungen kurz eingegangen wird.

Der „Prüfung der Materialien vor dem Pressen" gilt Kap. 6 (20 S., 21 Lit.). In ihm werden Schmelzpunkt-, Teilchengrößen-, Schüttdichte- und Fließverhaltens-Bestimmungen diskutiert.

Auf nur 7 S., aber mit 23 Lit. belegt, wird im Kap. 7 die „Vorbereitung der Prüflinge" abgehandelt.

Im Kap. 8 (74 S., 84 Lit.) wird auf „Mechanische Kurzzeit-Eigenschaften" eingegangen, und zwar im einzelnen auf Zugeigenschaften, auf Zugprüfmaschinen, auf Spannungs-, Dehnungs- und Modul-Messungen bei Zug, Druck, Scherung und Biegung, auf Lochleibungsdruck-Messungen, auf Hochgeschwindigkeits- und Schlag-Prüfungen sowie auf die Grenzen standardisierter Prüfverfahren.

Im Kap. 9 (24 S., 75 Lit.) „Mechanische Eigenschaften von Oberflächen" werden Verfahren zur Bestimmung der Härte, der Weichheit, des Abriebwiderstandes und der Reibung erläutert.

Den „Elektrischen Eigenschaften" gilt Kap. 10 (58 S., 62 Lit.). Dabei wird auf die Funktion der Kunststoffe als Isolator und ihre Widerstands-, dielektrischen, elektrostatischen, Durchschlags- und antistatischen Eigenschaften eingegangen.

Die „Prüfverfahren für die Temperaturabhängigkeit der Eigenschaften" werden im Kap. 11 (67 S., 123 Lit.) diskutiert. Im einzelnen betrifft dies die Glasumwandlungs- und Erweichungs-Temperatur, das Tieftemperaturverhalten, die Wärmeausdehnung, das Schrumpfen, die Thermostabilität und den thermischen Abbau sowie die Entflammbarkeit.

Es folgen die „Thermischen Eigenschaften" (Kap. 12, 30 S., 71 Lit.), wobei Wärmedurchlässigkeit und spezifische Wärme abgehandelt werden.

„Beständigkeitsprüfungen" werden im Kap. 13 (36 S., 126 Lit.) diskutiert, und zwar im einzelnen die Wasserabsorption und die wasserlöslichen Anteile, die Chemikalienbeständigkeit, das Spannungsbruchverhalten, die Wechselklimaprüfungen, die UV-, Ozon- und Wetterbeständigkeit, das Verhalten in Salznebeln, die Strahlungseinflüsse, die Schichtentrennung bei Verbundmaterialien, die Erosion und den mikrobiellen Angriff.

Im Kap. 14 (23 S., 53 Lit.) wird auf das „Mechanische Langzeitverhalten" eingegangen, und zwar auf Kriechen, Spannungsrelaxation und Ermüdung.

Kap. 15 (9 S., 47 Lit.) gilt den „Zerstörungsfreien Prüfverfahren", wie visuelle Prüfung, Wägung, Messung, Bestimmung der Härte, des Moduls, der Doppelbrechung, der Fotoelastizität sowie des Verhaltens bei Ultraschall und bei Röntgenstrahlung.

Die „Optischen Eigenschaften" werden im Kap. 16 (10 S., 36 Lit.) erläutert, und zwar der Brechungsindex, die Lichtdurchlässigkeit, der Glanz und die Farbe.

Im abschließenden Kap. 17 (25 S., 79 Lit.) werden „Prüfungen für spezielle Erzeugnisarten" behandelt, so z. B. für Schaumstoffe, Rohre, Folien und Laminate.

Das Buch enthält eine Fülle von Angaben zu den Standards der wichtigsten Standardisierungsorganisationen des englischsprachigen Raumes (USA, Großbritannien) und der ISO bis 1970. Für diesen Bereich kann das Buch jedem daran interessierten Materialprüfer empfohlen werden. Aus dem deutschsprachigen Raum sind nur die DIN-Normen der BRD erwähnt, zwar inhaltlich sachlich richtig, aber sehr unvollständig. Zur Organisation der Standardisierung im deutschsprachigen Raum enthält das Buch allerdings noch Angaben, die bei seinem Erscheinen schon zehn Jahre überholt waren. Falls eine Neuauflage erwogen wird, ist den Verfassern eine genauere Information über die im deutschsprachigen Raum (BRD, Österreich, Schweiz und DDR) bestehenden Standardisierungsorganisationen und die von ihnen herausgegebenen Standards oder eine konsequente Beschränkung auf die englischsprachigen Standards zu empfehlen.

F. Winkler

Mechanical Properties of Polymers. Hgg. von *Norbert M. Bikales.* New York/London/Sydney/Toronto: Wiley-Interscience 1971. IX, 268 S. Brosch. £ 3.60.

Da die mechanischen Eigenschaften nach Meinung des Herausgebers der Kernpunkt für den praktischen Einsatz aller Plaste, Elaste und Faserstoffe sind, hat er es für zweckmäßig gehalten, in dem vorliegenden Buch acht Arbeiten zusammenzufassen, die bereits in drei verschiedenen Bänden der „Encyclopedia of Polymer Science and Technology" veröffentlicht worden sind.

Von *V. A. Kargin* und *G. L. Slonimskij* stammt der Beitrag „Mechanische Eigenschaften" (aus Band 8, S. S. 445–516). In ihm wird auf die thermomechanischen Charakteristiken von Polymeren in unterschiedlichen physikalischen Zuständen (z. B. auf amorphe und kristalline Polymere, den thermischen Abbau, den Einfluß der Molmasse und der Weichmacher sowie auf Frequenz-Temperatur-Studien) eingegangen. Weiter werden Spannungs-Dehnungs-Diagramme (z. B. von amorphen und kristallinen Polymeren), Relaxationsphänomene (z. B. Dauer der äußeren Kräfte, Temperatureffekte, Relaxationsmechanismen, einfache Arten der Relaxation, die quantitative Beschreibung, Spezialfälle der Relaxation, physikalisch begründete Modelle, Molmasse-Abhängigkeiten, Modelle für die Gummielastizität, Nichtlinearitäten), die mechanischen Eigenschaften und die Struktur von Polymer-Festkörpern sowie mechanochemische Phänomene und damit im Zusammenhang stehende mechanische Eigenschaften behandelt (120 Literaturstellen).

Das Kapitel „Bruchverhalten, Langzeit-Phänomene" wurde von *J. B. Howard* geschrieben (aus Band 7, S. 261–291). Es umfaßt Kristallinitäts- und andere materialbedingte Einflüsse, die wichtigsten äußeren Einflüsse sowie andere Langzeit-Spannungsermüdungen ohne und mit chemischen Änderungen im Polymeren (99 Lit.).

P. I. Vincent zeichnet für das „Bruchverhalten, Kurzzeit-Phänomene" verantwortlich (aus Band 7, S. 292–361).

Er geht auf die Klassifikation und Definition, die Zug- und anderen Prüfverfahren, den Bruchmechanismus und die den Bruch beeinflussenden Faktoren ein (203 Lit.).

Die „Theorie des Widerstandes gegenüber Schlagbeanspruchung" wird von *C. A. Brighton* behandelt (aus Band 7, S. 574—584), insbesondere die Arten der Ermüdung, der zäh-spröde Übergang, die Theorie von *Griffith* sowie Polymermischungen (18 Lit.).

„Schlagprüfmethoden" wurden von *H. Burns* zusammengestellt (aus Band 7, S. 584—606). Das Kapitel umfaßt Standard-Prüfmethoden (z. B. Izod- und Charpy-Schlagprüfgeräte), Forschungs-Prüfgeräte, modifizierte Standard-Prüfgeräte und die Prüfung von Erzeugnissen, wie Rohren, Platten und Folien (25 Lit.).

„Schlagfeste Materialien" werden von *D. A. Lannon* behandelt (aus Band 7, S. 607—620), wobei auch typische Izod-Schlagfestigkeitswerte für die verschiedensten Kunststoffe zusammengestellt worden sind (29 Lit.).

Von *E. E. Auer* wurde das Kapitel „Abriebwiderstand" geschrieben (aus Band 1, S. 7—41). Er geht insbesondere auf den Abriebprozeß, die Prüfverfahren, den Abriebwiderstand von Elastomeren und Plasten sowie die Auswahl von Plasten, Fasern und textilen Flächengebilden nach ihrem Abriebwiderstand ein (187 Lit.).

Das letzte Kapitel „Härte" stammt von *P. I. Donnelly* (aus Band 7, S. 470—478). In ihm gibt er typische Härtewerte für Polymere an und beschreibt die Verfahren, mit denen sie gewonnen wurden (8 Lit.).

Das Buch endet mit einem kurzen Sachregister.

Man kann dem Herausgeber durchaus zustimmen, daß es zweckmäßig ist, die acht Übersichtsarbeiten unverändert zu einem Buch zusammenzufassen. Sowohl dem Materialprüfer als auch allen an den mechanischen Eigenschaften von Polymeren Interessierten wird so eine konzentrierte Darstellung zur Verfügung gestellt. Mit Ausnahme des ersten Beitrages berücksichtigen jedoch alle Autoren nur die englischen und amerikanischen Prüfverfahren und Literaturstellen, wodurch eine gewisse Einseitigkeit entsteht.

F. Winkler

Die an Wollfaser-Bündeln durchgeführte Zugprüfung und die Verwendbarkeit der Ergebnisse für die Qualitätskontrolle. Von *Günter Blankenburg.* Forschungsberichte des Landes Nordrhein-Westfalen. Nr. 2249. Opladen: Westdeutscher Verlag 1972. 81 S., 41 Abb., Brosch. DM 25,—.

Während sich bei der Baumwollprüfung der Bündel-Zugversuch längst international durchgesetzt hat, ist ihm dies bei der Wollprüfung bisher nicht gelungen. Es ist dem Verfasser des vorliegenden Forschungsberichtes als Verdienst zuzuschreiben, daß er in umfangreichen Versuchsreihen die dafür vermuteten Gründe als tatsächlich bestehend bewiesen hat. Er beließ es dann nicht bei dieser Feststellung, sondern entwickelte ein halbautomatisches Probenvorbereitungsgerät für die Herstellung der Wollfaser-Bündel. In Vergleichsversuchen im Rahmen der Internationalen Woll-Vereinigung konnte er dann zeigen, daß die Eichung der für den Bündel-Zugversuch geeigneten Zugprüfgeräte mit Hilfe der internationalen Vergleichswollen nicht ausreicht. Erst die Verwendung des neuen Bündel-Vorbereitungsgerätes führte zu so entscheidenden Verbesserungen, daß nunmehr der Bündel-Zugversuch als ökonomische Qualitätskontroll-Prüfung in der Wollverarbeitung verwendet werden kann.

Es ist zu hoffen, daß sich die ausgearbeitete Methode nicht nur für Wolle, sondern auch für die Prüfung der in der Wollindustrie verwendeten Chemiefasern durchsetzt.

F. Winkler

Ultracentrifugation of Macromolecules: Modern Topics. Von *J. W. Williams.* New York/London: Academic Press 1972. XVII, 118 S. Kunststoffbd. $ 9,50.

Dieses von einem großen Kenner der Materie geschriebene Buch umfaßt drei große Abschnitte, die durch ein ausführliches Autoren- und Sachregister sowie zahlreiche Literaturhinweise auf Originalarbeiten und Monographien in wertvoller Weise ergänzt werden. Das Buch basiert auf einer Reihe von Seminarvorträgen und befaßt sich dementsprechend mit einigen ausgewählten Kapiteln zur Anwendung der Ultrazentrifugenmeßtechnik. Es erhebt keinen Anspruch auf einen vollständigen Überblick über die möglichen Methoden der analytischen Ultrazentrifuge und verzichtet bewußt auf Abschnitte über die präparative Ultrazentrifugation und die Gerätetechnik.

Im ersten Teil werden die Einflüsse der Polydispersität von Polymeren in nicht-idealen Lösungen auf das Sedimentationsverhalten behandelt und die sich daraus ergebenden Möglichkeiten zur Ermittlung der Verteilung der rel. Molekülmasse aufgezeigt und an zwei Beispielen demonstriert. Dabei werden sowohl Messungen der Sedimentationsgeschwindigkeit als auch des Sedimentationsgleichgewichtes betrachtet.

Die Einflüsse von Assoziationsreaktionen und -gleichgewichten auf das Sedimentationsverhalten insbesondere bei Gleichgewichtsuntersuchungen an Proteinen sind Gegenstand des zweiten Teiles. Auch hier, wie im ersten Teil, wird besonderer Wert auf die Demonstration der Auswertungen an Beispielen gelegt. Für den Praktiker ergeben sich daraus eine Fülle von Anregungen für die eigene Arbeit.

Im dritten Abschnitt werden die theoretischen Grundlagen der analytischen Ultrazentrifugation behandelt, wobei u. a. verschiedene Lösungsmöglichkeiten der *Lamm*schen Differentialgleichung und die Anwendung der Nichtgleichgewichts-Thermodynamik auf Sedimentationsprozesse aufgezeigt und diskutiert werden.

Die gelungene Verbindung von theoretischen Grundlagen und praktischen Anwendungen macht dieses Buch für jeden, der auf diesem Gebiet arbeiten will, besonders wertvoll und erleichtert den Zugang zur weiterführenden Literatur.

K. J. Linow

Textilpflege, Waschen und Chemischreinigen. Von *Rolf Puchta* und *Werner Grünewälder.* Berlin: Fachverlag Schiele und Schön 1973. 244 S. Lwd. DM 34,—.

Wie im Vorwort zum Ausdruck gebracht wird, wendet sich das Buch über das Waschen und Chemischreinigen nicht nur an diejenigen, die sich im Beruf oder in der Ausbildung damit beschäftigen, sondern auch an den Textilfachmann zur Orientierung über ein ihm meist weniger gut bekanntes Gebiet. Es wird in zwei in sich abgeschlossenen Teilen A und B das Wichtigste über das Waschen (A) und Chemischreinigen (B) gebracht. Eine kurze Betrachtung aus der Geschichte des Waschens, daran anschließend werden knapp, aber ausreichend, die Partner beim Waschen behandelt (Wasser, Schmutz, Textilien, Waschmaschinen und -mittel), die Waschfaktoren (Chemie, Mechanik, Temperatur, Zeit), die modernen Waschmittel und ihr Aufbau und die Nachbehandlungsverfahren und -mittel, die Textilien und ihre Waschbarkeit, die Waschregeln und schließlich die gewerbliche Wäscherei.

Nicht zu den wichtigsten textilen Faserstoffen zählen, wie das in einer Übersicht behauptet wird, Kapok, Roßhaar, Asbest und die Eiweiß-Chemiefasern. Zu kurz gekommen sind hinsichtlich ihres Waschverhaltens auch die Textilien aus Fasermischungen und die Kombinationen von Textilien mit anderen Werkstoffen, wie die Laminate, Bondings, ferner die lederähnlichen Textilien und die Vliesstoffe. Auch das für die Wäscher gleicherweise wichtige Gebiet der Fehlererscheinungen von Textilien wäre besser ausführlicher und mit Beispielen moderner Textilien, z. B. der Maschenoberkleidung, zu behandeln.

Nach etwa den gleichen Prinzipien wird im Teil B die Chemischreinigung behandelt: Einer kurzen historischen Betrachtung folgen die „Partner am Chemischreinigungsprozeß", d. h. die Lösungsmittel und ihre Wirkung, Verfahren und Maschinen.

In den darauf folgenden Abschnitten werden die Reinigungsverstärker, ihr Aufbau und ihre Wirkungsweise, die Detachur, die Ausrüstung, das Bügeln und das Reinigen einiger spezieller Arten von Textilien (Teppiche, Kleider, Bekleidungsleder) kurz besprochen. In einem Anhang sind die Pflege- und Materialkennzeichnung, ein Literaturverzeichnis und ein Stichwortverzeichnis zusammengefaßt. Die Materialkennzeichnung wäre durch eine Übersicht der Faserstoff-Kurzzeichen noch zu ergänzen.

Das Buch bringt alles Wissenswerte über das Waschen und Chemischreinigen von Textilien, ist sehr übersichtlich, klar und knapp gehalten und kann auch für den interessierten Laien ein geeignetes Orientierungsmittel sein.

K. Meyer

Patentschau

Auszug aus der Lieferung 3/1974 der Patentschau „Faserstoffe und Textiltechnik", Ausgabe A: Chemiefaserstoffe einschl. Polymere und org. Ausgangsstoffe, zusammengestellt von der Abteilung Information und Dokumentation des Instituts für Polymerenchemie der AdW der DDR, 153 Teltow-Seehof, Kantstr. 55

Die Patentschau ist nach der internationalen Patentklassifikation (IPC) gegliedert. Es bedeuten: DLP = DDR-Patent; DTP = Deutsches Bundespatent; DTA = (West)-Deutsche Auslegeschrift; DTO = (West)-Deutsche Offenlegungsschrift; OEP = Oesterreichisches Patent; CHP = Schweizer Patent; FRP = Französisches Patent; GBP = Britisches Patent; JAP = Japanisches Patent; POP = Polnisches Patent; SWP = Schwedisches Patent; SUP = Sowjetisches Patent; CSP = Tschechoslowakisches Patent; USP = Amerikanisches Patent; A = Anmeldedatum, O bzw. B = Tag der Ausgabe der Offenlegungs-, Auslege- bzw. Patentschrift.

Sektion B. Arbeitsverfahren

B 29 Verarbeiten von Kunststoffen; Verarbeiten von Stoffen in plastischem Zustand im allgemeinen; Verarbeiten von Stoffen, soweit nicht anderweitig vorgesehen

B 29b Vorbereiten oder Vorbehandeln der zu verformenden Massen

SUP 405728 (Urheberschein). Vorrichtung zur Entfernung von Lösungsmitteln aus Polymermaterial. Erf.: *V. P. Judin* u. *A. G. Nikolaev.* A. 26. 5. 70, B. 5. 11. 73. Int. Kl.: B 29b 1/00. A.-Z.: 1442147/23–5.

Sektion C. Chemie und Metallurgie

CHEMIE

C 01. Anorganische Chemie

C 01b Nicht-metallische Elemente, Metalloide und ihre Verbindungen, außer den unter C 01c aufgeführten

GBP 1337367. Verfahren zur Herstellung von Kohlenstoffäden. Inh.: Stamicarbon N.V. A. 16. 2. 72, B. 14. 11. 73. Kl.: C1.A, Int. Kl.: C 01b 31/07. A.-Z.: 7211/72. Prior.: 18. 2. 71 (NL; A.-Z.: 7102137). Entspr. FRP 2125596.

GBP 1339744. Fadenförmiges Material. Inh.: Courtaulds Ltd. A. 31. 3. 70, B. 5. 12. 73. Kl.: C1.A, B5.B, Int. Kl.: C 01b 31/07, D 01d 9/00. A.-Z. 15134/70. Entspr. FRP 2087946.

GBP 1340069. Kohlenstoffäden. Inh.: National Research Development Corp. A. 23. 9. 70, B. 5. 12. 73. Kl.: C1.A, Int. Kl.: C 01b 31/07. A.-Z.: 45412/70.

JAP 7356927. Kohlenstoffäden mit hoher Zugfestigkeit und hohem Modul. Erf.: *Toyanusuke Kanamaru, Haruo Teranishi* u. *Ikuo Hisatomi.* Inh.: Nippon Carbon Co. Ltd. A. 25. 11. 71, B. 10. 8. 73. Kl.: 42 E0, 14 E0. A.-Z.: 7194113.

C 03. Glas; Mineral- und Schlackenwolle

C 03b. Herstellung, Formgebung und Nachbehandlungsverfahren

SUP 403636 (Urheberschein). Vorrichtung zur Herstellung von Mineralwatte. Erf.: *G. F. Tobol'skij.* Anm.: Ural'skij naučno issledovatel'skij i proektnyj Institut stroitel'nych materialov. A. 11. 1. 71, B. 26. 10. 73. Int. Kl.: C 03b 37/04. A.-Z.: 1710231/29–33.

C 07. Organische Chemie

C 07c. Acyclische und carbocyclische Verbindungen

FRP 2173651 (B.) Verfahren zur Herstellung von Teerphthalsäure für Polyterephthalatfaserstoffe. Inh.: Maruzen Oil Co. Ltd. A. 14. 1. 72, B. 7. 12. 73. Int. Kl.: C 07c 51/00, 63/00, C 08g 17/0, A-Z.: 7201356.

CHP 545277. Verfahren zur Herstellung von ungesätigte. Nitrilen. Erf.: *Vittorio Fattore, Paolo Moreschini, Marcello Massi* u. *Bruno Notari.* Inh.: Snam Progetti S.p.A., Corso Venezia 16, Mailand (IT). A. 1. 9. 72. Int. Kl.: C 07c 121/30. A.-Z.: 12896/72. Prior.: 2. 09. 71 (IT; A.-Z.: 28152 A/71). Entspr. FRP 2151945.

CHP 545278. Verbessertes Verfahren zur katalytischen Herstellung von ungesättigten Nitrilen. Erf.: *Vittorio Fattore, Paolo Moreschini, Pierluigi Rebora* u. *Bruno Notari.* Inh.: Snam Progetti S.p.A., Corso Venezia 16, Mailand (IT). A. 1. 9. 72. Int. Kl.: C 07c 121/30. A.-Z.: 12897/72. Prior.: 2. 9. 71 (IT; A.-Z.: 28154 A/71). Entspr. FRP 2151947.

CHP 545279. Verfahren zur Herstellung von ungesättigten Nitrilen. Erf.: *Bruno Notari, Vittorio Fattore, Paolo Moreschini* u. *Marcello Massi Mauri.* A. 1. 9. 72. Int. Kl.: C 07c 121/30. A.-Z.: 12898/72. Prior.: 2. 9. 71 (IT; A.-Z.: 28153 A/71). Entspr. FRP 2151946.

C 07d. Heterocyclische Verbindungen, die nur Sauerstoff als Heteroatom oder -atome enthalten

DLP 101668. Verfahren zur Gewinnung reiner Lactame. Erf.: *Reijer Goettsch* u. *Hermann Maria Alphonsus Vos.* Inh.: Stamicarbon N. V. (NL). A. 27. 10. 72, B. 12. 11. 73. Kl.: 12p, 5, Int. Kl.: C 07d 41/06. A.-Z.: AP C 07d/166519. Prior.: 29. 10. 71, 25. 8. 72 (NL; A.-Z.: 7114904, 7211586). A.-Z.: 7211586 entspr. FRP 2158051, S. 8/74. Entspr. DTO 2252891.

C 08. Makromolekulare Verbindungen; ihre Herstellung und chemische Verarbeitung; auf diesen Verbindungen beruhende Gemische

C 08b. Polysaccharide und deren Derivate

SUP 403685 (Urheberschein). Verfahren zur Herstellung von Cellulosetriacetat. Erf.: *E. P. Kuznecova* u. *V. F. Volkov.* A. 30. 10. 67, B. 26. 10. 73. Int. Kl.: C 08b 3/06. A.-Z.: 1193348/23–4.

C 08f. Polymerisationsprodukte

DTO 2327767. Rohrsystem zur Einleitung eines Katalysators. Erf.: *Barend Mastenbroek* u. *Johannes Heinricus Josephus Annee.* Anm.: Shell Internationale Research Maatschappij B. V., Den Haag (NL). A. 30. 5. 73, B. 13. 12. 73. Kl.: 39 b4, 1/98, Int. Kl.: C 08f 1/98. A.-Z.: P 2327767. Prior.: 2. 6. 72 (NL; A.-Z.: 72 07472).

DTO 2329087. Katalysatorsystem und seine Verwendung bei der Herstellung von Homo- oder Copolymerisaten. Erf.: *Katsuaki, Maeda, Itsuho Aishima, Yukichi Takashi, Hideo Morita, Yoshio Matsumoto* u. *Tadashi Ikegami.* Anm.: Asahi Kasei Kogyo K.K., Osaka (JA). A. 7. 6. 73, B. 20. 12. 73. Kl.: 39 b4, 3/06, Int. Kl.: C 08f 3/06. A.-Z.: P 2329087. Prior.: 8. 6. 72 (JA; A.-Z.: 56454/72, 56455/72).

CHP 545322. Verfahren zur Polymerisation und Copolymerisation von ungesättigten Verbindungen, bei diesem Verfahren angewendetes Katalysatorsystem sowie erhaltene Polymere. Erf.: *Mario Baccaredda, Paolo Ciusti, Aldo Priola* u. *Sebastiano Cesca.* Inh.: Snam Progetti S.p.A, Corso Venezia 16, Mailand (IT). A. 3. 11. 71. Int. Kl.: C 08f 1/00, C 08d 1/16. A.-Z.: 16075/71. Prior.: 3. 11. 70 (IT; A.-Z.: 31303 A/70). Entspr. DLP 94068, DLP 95933 u. FRP 2113387.

GBP 1336881. Kompositionen zum Initiieren der Olefinpolymerisation und ihre Verwendung. Inh.: Imperial Chemical Industries Ltd. A. 3. 3. 70, B. 14. 11. 73. Kl.: C3.P, Int. Kl.: C 08f 1/42. A.-Z.: 10142/70. Entspr. DTO 2110209 u. FRP 2084106.

GBP 1337162. Massepolymerisation von Acrylnitril. Inh.: Chatillon S. A. A. 28. 4. 71, B. 14. 11. 73. Kl.: C3.P, Int. Kl.: C 08f 1/04, 3/76, 15/00. A.-Z.: 11991/71. Prior.: 28. 4. 70 (IT; A.-Z.: 23963). Entspr. DLP 93633, DTO 2120337, CHP 543544 u. FRP 2090767.

CSP 152338. Verfahren zur Herstellung von Katalysatoren zur Polymerisation von Äthylen oder seinen Gemischen mit α-Olefinen und/oder Diolefinen. Erf.: *Adolfo Mayr, Paolo Galli, Ermanno Susa, Giovanni Di Drusco* u. *Ettore Giachetti.* A. 25. 11. 69, B. 24. 5. 73. Kl.: 39c, 25/01, Int. Kl.: C 08f 3/06. A.-Z.: 7760/69. Prior.: 25. 11. 68 (IT; A.-Z.: 24141 A/68). Entspr. OEP 292300 u. FRP 2024149.

CSP 152344. Verfahren zur Herstellung von Katalysatoren zur Polymerisation von Äthylen oder seinen Gemischen mit α-Olefinen oder/und Diolefinen. Erf.: *Paolo Galli, Ermanno Susa* u. *Giovanni Di Drusco.* A. 8. 1. 70, B. 24. 5. 73. Kl.: 39c, 25/01, Int. Kl.: C 08f 3/08. A.-Z.: 160/70. Prior.: 10. 1. 69 (IT; A.-Z.: 11359 A/69). Entspr. FRP 2028105 u. GBP 1289462.

CSP 152361. Verfahren zur Herstellung von Katalysatoren zur Polymerisation von Äthylen oder seinen Gemischen mit α-Olefinen oder/und Diolefinen. Erf.: *Umberto Giannini, Paolo Longi, Domenico Deluca* u. *Bruno Pivotto.* A. 23. 6. 70, B. 24. 5. 73. Kl.: 39c, 25/01, Int. Kl.: C 08f 3/06. A.-Z.: 4382/70. Prior.: 24. 6. 69 (IT; A.-Z.: 18597 A/69). Entspr. OEP 302649, FRP 2051213, GBP 1309774 u. SUP 383308.

CSP 152396. Verfahren zur Herstellung von Katalysatoren zur Polymerisation von Äthylen und seinen Gemischen mit α-Olefinen oder/und Diolefinen. Erf.: *Umberto Giannini, Adolfo Mayr, Paolo Longi, Ermanno Susa, Velmore Davoli, Domenico Deluca, Antonio Leccese* u. *Angelo Pricca.* A. 21. 5. 71, B. 24. 5. 73. Kl.: 39c, 25/01, Int. Kl.: C 08f 3/06. A.-Z.: 3766/71. Prior.: 22. 5. 70 (IT; A.-Z.: 24956 A/70, 24957 A/70, 24958 A/70, 24959 A/70). Entspr. DLP 94066 u. FRP 2095024.

USP 3740381. Reinigung von in flüssiger Phase erhaltenen Olefinpolymeren. Erf.: *Giovanni Di Drusco* u. *Paolo Galli.* Inh.: Montecatini Edison S.p.A., Mailand (IT). A. 9. 4. 71, B. 19. 6. 73. Kl.: 260–80, 78, Int. Kl.: C 08f 1/88. 10 Anspr. A.-Z.: 132886 (Zus. z. Pat. m. A.-Z.: 698210. A. 16. 1. 68). Prior.: 18. 1. 67 (IT; A.-Z.: 11612/67). Entspr. DTO 1745167, FRP 1551506 u. GBP 1141783.

DTO 2226167. Verfahren zur Herstellung von Poly-alpha-Olefinen. Erf.: *Gerhard Staiger, Klaus Bronstert, Hannes Schick, Peter Hennenberger* u. *Heinz Müller-Tamm.* Anm.: BASF AG, 6700 Ludwigshafen (DT). A. 30. 5. 72, B. 20. 12. 73. Kl.: 39 b4, 3/02, Int. Kl.: C 08f 3/02. A.-Z.: P 2226167.

OEP 313576. Verfahren zur Polymerisation von ungesättigten Verbindungen. Erf.: *Margherita Corbellini* u. *Agostino Balducci.* Inh.: Snam Progetti S.p.A., Mailand (IT). A. 11. 3. 71, B. 15. 6. 73. Kl.: 39b, 12, Int. Kl.: C 08f 1/28. A.-Z.: 7008/72. Prior.: 11. 3. 70 (IT; A.-Z.: 21750 A/70). Entspr. FRP 2084366 u. GBP 1316232.

OEP 313579 (Zus. z. Pat. 284438). Verfahren zur Polymerisation und/oder Copolymerisation von Vinylchlorid. Inh.: Solvay & Cie., Brüssel (BE). A. 4. 2. 72, B. 15. 6. 73. Kl.: 39b, 14, Int. Kl.: C 08f 3/30. A.-Z.: 902/72. Prior.: 5. 2. 71 (BE; A.-Z.: 99418). Entspr. DLP 97425, DTO 2203026 u. FRP 2124281.

GBP 1338280. Verfahren zur Herstellung von Hochdruckpolyäthylen. Inh.: Snam Progetti S.p.A. A. 22. 6. 71, B. 21. 11. 73. Kl.: C3.P, Int. Kl.: C 08f 1/06. A.-Z.: 29290/71. Prior.: 23. 6. 70 (IT; A.-Z.: 26393). Entspr. DTO 2131145 u. FRP 2099267.

SUP 403193. (Urheberschein). Verfahren zur Herstellung stereoregulärer Polyolefine. Erf.: *Umberto Gianni, Antonio Cassata, Paolo Longi* u. *Romano Mazzocci.* Anm.: Montecatini Edison S.p.A. (IT). A. 23. 6. 72, B. 19. 10. 73. Int. Kl.: C 08f 3/02, 15/04. A.-Z.: 1804272/23–5. Prior.: 25. 6. 71 (IT; A.-Z.: 26275 A/71). Entspr. DLP 98289, DTO 2230672, DTO 2230728, DTO 2230752, FRP 2143346, FRP 2143347 u. FRP 2143348.

SUP 403194. (Urheberschein). Verfahren zur Herstellung von Polyolefinen. Erf.: *Adolfo Meir, Ermanno Susa* u. *Ettore Guiacetti.* Anm.: Montecatini Edison S.p.A. (IT). A. 20. 11. 69, B. 19. 10. 73. Int. Kl.: C 08f 3/06, 15/04. A.-Z.: 1378209/23–5. Prior.: 21. 11. 68 (IT; A.-Z.: 24008 A/68). Entspr. OEP 292299, FRP 2023789, GBP 1292853, u. CSP 150994.

GBP 1339268. Polymerisation von aromatischen Vinylverbindungen. Inh.: International Synthetic Rubber Co. Ltd. A. 10. 12. 70, B. 28. 11. 73. Kl.: C3.P, Int. Kl.: C 08f 7/04. A.-Z.: 58757/70. Entspr. DTO 2161178.

GBP 1340722. Anionische Polymerisation von vinylaromatischen Monomeren. Inh.: Mitsui Toatsu Chemicals Inc. A. 17. 9. 71, B. 12. 12. 73. Kl.: C3.P, Int. Kl.: C 08f 7/02, 1/28. A.-Z.: 43532/71. Prior.: 22. 9. 70 (JA; A.-Z.: 83204).

DTO 2329058. Verfahren zur Herstellung von Copolymerisaten und deren Verwendung. Erf.: *Paolo Longi, Nazzareno Cameli, Sandro Parodi* u. *Remo Cervi.* Anm.: Montecatini Edison S.p.A., Mailand (IT). A. 7. 6. 73, B. 20. 12. 73. Kl.: 39 b4, 15/04, Int. Kl.: C 08f 15/04. A.-Z.: P 2329058. Prior.: 9. 6. 72 (IT; A.-Z.: 25464 A/72).

CHP 544780. Verfahren zur Herstellung polymerer, phosphorhaltiger Umsetzungsprodukte und ihre Verwendung als Flammschutzmittel. Erf.: *Hermann Nachbur* u. *Arthur Maeder.* Inh.: Ciba-Geigy AG, Basel (CH). A. 9. 2. 71. Int. Kl.: C 08f 15/02, C 08g 41/00. A.-Z.: 1872/71. Entspr. DTO 2204527.

SUP 404832 (Urheberschein). Verfahren zur Herstellung von Copolymeren des Äthylens. Erf.: *S. M. Samojlov, V. I. Ivanov* u. *V. N. Monastyrskij.* A. 3. 3. 72, B. 22. 10. 73. Int. Kl.: C 08f 15/02. A.-Z.: 1756118/23–5.

SUP 405908 (Urheberschein). Verfahren zur Herstellung laugenlöslicher Copolymerer. Erf.: *B. Ju. Gordinskij, E. G. Akoeva* u. *N. L. Petrosova.* A. 18. 10. 71, B. 5. 11. 73. Int. Kl.: C 08f 15/40. A.-Z.: 1707294/23–5.

GBP 1336869. Vernetzte Polymergegenstände. Inh.: Stone, G. T. A. 18. 12. 70, B. 14. 11. 73. Kl.: C3.P, Int. Kl.: C 08f 27/00. A.-Z.: 60217/70.

USP 3741930. Farbstoffaffine, ein basisches Polyamid enthaltende Olefinpolymerkompositionen. Erf.: *Alberto Bonvicini* u. *Giuseppe Cantatore.* Inh.: Montecatini Edison S.p.A., Mailand (IT). A. 15. 7. 70, B. 26. 6. 73. Kl.: 260–41C, Int. Kl.: C 08f 29/12. 18 Anspr. A.-Z.: 55245. Prior.: 16. 7. 69 (IT; A.-Z.: 19687/69). Entspr. DTO 2035094, FRP 2051778 u. GBP 1269445.

GBP 1339265. Polymere. Inh.: Dunlop Holdings Ltd. A. 26. 8. 70, B. 28. 11. 73. Kl.: C3.P, Int. Kl.: C 08f 45/54, 29/18. A.-Z.: 40921/70. Entspr. DTO 2141200.

GBP 1340062. Polymerkompositionen. Inh.: British Insulated Callender's Cables Ltd. A. 9. 6. 70, B. 5. 12. 73. Kl.: C3.P, Int. Kl.: C 08f 29/14, 45/54. A.-Z.: 27905/70.

USP 3738959. Flammgehemmte Kompositionen von Olefinpolymeren. Erf.: *Christos Savides* u. *Peter Vincent Susi.* Inh.: American Cyanamid Co., Stamford, Conn. A. 22. 5. 72. B. 12. 6. 73. Kl.: 260–45,75, Int. Kl.: C 08f 45/60. 10 Anspr. A.-Z.: 255493.

USP 3741925. Wasserabweisende Äthylencopolymer-Dispersionen. Erf.: *John William McDonald.* Inh.: E. I. du Pont de Nemours & Co., Wilmington, Del. A. 2. 4. 71, B. 26. 6. 73. Kl.: 260–28,5R, Int. Kl.: C 08f 45/52, 45/24, C 08j 1/40. 14 Anspr. A.-Z.: 130842. Entspr. DTO 2216161.

C 08g. Polykondensations- und Polyadditionsprodukte

FRP 2173921 (B.) Verbessertes Stabilisierungsverfahren für Polyacetale. Inh.: Societa Italiana Resine S. I. R. S.p.A. A. 22. 12. 72, B. 7. 12. 73. Int. Kl.: C 08g 1/00. A.-Z.: 7245984. Prior.: 27. 12. 71, 20. 9. 72 (IT; A.-Z.: 32947 A/71, 29424 A/72). Entspr. DTO 2263606.

FRP 2174012 (B). Stabilisierung von ?olyestern. Erf.: *Guenther Kurt Hoeschele.* Inh.: E. I. du Pont de Nemours and Co. A. 12. 2. 73, B. 7. 12. 73. Int. Kl.: C 08g 17/06, 51/60. A.-Z.: 7304832. Prior.: 1. 3. 72 (US; A.-Z.: 230964). Entspr. DTO 2302654.

GBP 1337262. Herstellung von hochmolekularen linearen Polyestern. Inh.: Agfa-Gevaert. A. 28. 10. 70, B. 14. 11. 73. Kl.: C2.C, Int. Kl.: C 08g 17/013, C 07c 63/54. A.-Z.: 51236/70. Entspr. DTO 2150721 u. FRP 2111872.

JAP 7213622. Polypivalolacton. Erf.: *Yoji Komatsu, Yasuhiro Furukawa, Kenji Shima* u. *Motomu Miyamoto.* Inh.: Maruzen Oil Co. Ltd. A. 27. 11. 67, B. 24. 4. 72. Kl.: C 08g. A.-Z.: 6775984.

USP 3737409. Copolycarbonate von Bis-(3,5-dimethyl-4-hydroxyphenyl)-sulfon mit Bisphenol A. Erf.: *Daniel W. Fox.* Inh.: General Electric Co. A. 8. 3. 71, B. 5. 6. 73. Kl.: 260–49, Int. Kl.: C 08g 17/13. 4 Anspr. A.-Z.: 122165 (Zus. z. Pat. m. A.-Z.: 7978. A. 2. 2. 70; u. Pat. m. A.-Z.: 622074. A. 10. 3. 67). A.-Z.: 622074 entspr. FRP 1561518, u. GBP 1229482.

CHP 544785. Verfahren zur Herstellung von Formkörpern aus Polyamiden oder Copolyamiden. Erf.: *Jürgen Günter* u. *Siegfried Schaaf.* Inh.: Inventa AG für Forschung und Patentverwertung, Zürich (CH). A. 11. 2. 71, Int. Kl.: C 08g 20/18, 53/14. A.-Z.: 2016/71. Entspr. DTO 2205669 u. FRP 2125347.

USP 3738964. Aromatische Polyamide aus Mischungen 4,4-Diaminooxanilid enthaltender aromatischer Diamine. Erf.: *Frank Dobinson* u. *Frank M. Silver.* Inh.: Monsanto Co., St. Louis, Mo. A. 31. 5. 72, B. 12. 6. 73. Kl.: 260–47 CZ, Int. Kl.: C 08g 20/20. 6 Anspr. A.-Z.: 258108. Entspr. DTO 2327679.

USP 3740379. Verfahren zum Einführen von Metallkationen in Lactampolymere. Erf.: *Jan Sebenda* u. *Rudolf Puffr.* Inh.: The Polymer Corp. A. 8. 1. 71, B. 19. 6. 73. Kl.: 260–78L, Int. Kl.: C 08g 20/18. 6 Anspr. A.-Z.: 105107.

DTO 2231069. Oxydationsstabilisatoren enthaltende Polyurethane. Erf.: *Manfred Dahm, Peter Hartmann, Roland Nast, Ernst Roos* u. *Rüdiger Schubert.* Anm.: Bayer AG, 5090 Leverkusen (DT). A. 24. 6. 72, B. 3. 1. 74. Kl.: 39 b5, 22/04, Int. Kl.: C 08c 22/04. A.-Z.: P 2231069

USP 3741966. Hochmolekulare Tris-(β-hydroxyalkyl)-isocyanurat-Äthylenoxid-Addukte enthaltende antistatische Faser. Erf.: *Gene C. Weedon* u. *Edwin D. Little.* Inh.: Allied Chemical Corp., New York, N. Y. A. 3. 1. 72, B. 26. 6. 73. Kl.: 260–248 NS, Int. Kl.: C 07d 55/38. 7 Anspr. A.-Z.: 215974 (Zus. z. Pat. m. A.-Z.: 80488. A. 13. 10. 70; u. Pat. m. A.-Z.: 873689. A. 3. 11. 69). A.-Z.: 873689 entspr. FRP 2066954.

GBP 1338002. Verfahren zur Herstellung von heterocyclischen Polymeren. Inh.: Esso Research & Eng. Co. A. 26. 3. 71, B. 21. 11. 73. Kl.: C3.R, Int. Kl.: C 08g 33/02. A.-Z.: 7896/71.

DTO 2226931. Flammwidrige glasfaserverstärkte Formmassen auf Basis gesättigter linearer Polyester, insbesondere Polybutylenterephthalat. Erf.: *Rolf Wurmb* u. *Heinz Pohlemann.* Anm.: BASF AG, 6700 Ludwigshafen (DT). A. 2. 6. 72, B. 13. 12. 73. Kl.: 39 b5, 39/02, Int. Kl.: C 08g 39/02. A.-Z.: P 2226931.

USP 3742085 (Teil v. Pat. 3651174. A. 15. 4. 70. A.-Z.: 28987). Thermostabile Polycarbonatkomposition. Erf.: *Charles A. Bialous.* Inh.: General Electric Co., Pittsfield. Mass. A. 29. 7. 71, B. 26. 6. 73. Kl.: 260–827, Int. Kl.: C 08g 47/10, 49/04, C 08f 29/16. 5 Anspr. A.-Z.: 167486. A.-Z.: 28987 entspr. DTA 1285116 u. GBP 978757.

JAP 7343794. Stabilisierung aromatischer Polyamide. Erf.: *Kazuya Chimura Kazuo Ito, Mizuo Shindo* u. *Hiroyuki Kawakubo.* Inh.: Mitsubishi Rayon Co. Ltd. A. 7. 10. 71, B. 23. 6. 73. Kl.: 26(5) E 121. A.-Z.: 7178299.

USP 3738981. Kompositionen und Verfahren zur Behandlung von Textilien und textilen Erzeugnissen. Erf.: *Kenneth W. Graff* u. *Albert H. Sherman.* Inh.: ICI America Inc., Wilmington, Del. A. 8. 12. 69, B. 12. 6. 73. Kl.: 260–239,3 R, Int. Kl.: C 08g 41/00, 43/00. 7 Anspr. A.-Z.: 883347. Entspr. DTO 2060114 u. GBP 1295959.

GBP 1337434. Polymerkomposition. Inh.: Imperial Chemical Industries Ltd. A. 11. 6. 70, B. 14. 11. 73. Kl.: C3.R, Int. Kl.: C 08g 43/00, 49/00. A.-Z.: 28356/70

GBP 1339324. Herstellung von Polyoxadiazollösungen. Inh.: Imperial Chemical Industries Ltd. A. 2. 2. 71, B. 5. 12. 73. Kl.: C3.R, B5.B, Int. Kl.: C 08g 49/00, 51/24, 53/00, 53/16, D 01f 7/04. A.-Z.: 3712/71. Entspr. FRP 2124362.

DLP 101174. Verwendung bekannter Farbstoffe zum Färben. Erf. u. Ihn.: *Eberhard Schulz, Eckhard Völkl, Gerhard Wulff, Manfred Scheller, Walter Heise* u. *Lothar Reber.* A. 14. 12. 72, B. 20. 10. 73. Kl.: 39 b5, 51/66, Int. Kl.: C 08g 51/66. A.-Z.: WP C 08g/167526.

DTO 2221065. Verfahren zum Färben von Polyestern in der Masse. Erf.: *Colin William Greenhalgh, James Albert Moyse* u. *Joseph Edwy Harling,* Anm.: Imperial Chemical Industries Ltd., London (GB). A. 28. 4. 72. B. 13. 12. 73. Kl.: 39 b5, 39/00, Int. Kl.: C 08g 39/00. A.-Z.: P 2221065. Prior.: 10. 5. 71 (GB; A.-Z.: 13917/71). Entspr. FRP 2137658.

GBP 1338142. Äthylenpolymere mit hohem Oberflächenglanz und niedriger Trübung. Inh.: Dow Chemical Co. A. 18. 3. 71, B. 21. 11. 73. Kl.: C3.P, Int. Kl.: C 08f 29/02. A.-Z.: 7244/71.

OEP 313581. Thermoplastische Formmassen auf Polyoxymethylenbasis. Inh.: Farbwerke Hoechst AG vorm. Meister Lucius & Brüning, Frankfurt (DT). A. 14. 1. 72, B. 15. 6. 73. Kl.: 39b, 16, Int. Kl.: C 08g 53/00. A.-Z.: 326/72. Prior.: 7. 10. 71, 15. 1. 71 (DT; A.-Z.: P 2150038, P 2101817, DTO 2150038 u. DTO 2101817.

C 08j. Allgemeine Herstellungs- und Verarbeitungsverfahren

JAP 7301706. Polymerlösung und eine Vorrichtung dafür. Erf.: *Yoshijiroh Tawara, Hiroshi Akiyama, Akiji Satoh, Seiji Miyata* u. *Kenichi Sakunaga,* Inh.: Mitsubishi Rayon Co. Ltd. A. 17. 3. 70, B. 19. 1. 73. Int. Kl.: C 08j. A.-Z.: 7021964.

C 08k. Zusatzstoffe für allgemeine Anwendung

GBP 1337600. N-substituierte Piperidinderivate. Inh.: Sankyo Co. Ltd. A. 1. 3. 72, B. 14. 11. 73. Kl.: C2.C, C3.P, C3.R, Int. Kl.: C 07d 29/08, 13/10. A.-Z.: 9467/72. Prior.: 13. 11. 71 (JA; A.-Z.: 90988). Entspr. FRP 2159853.

TEXTILIEN

Sektion D. Textilien und Papier

D 01. Natürliche und künstliche Fäden oder Fasern; Spinnen

D 01d. Mechanische Verfahren und Vorrichtungen für die Herstellung von künstlichen Fäden, Gespinsten, Fasern, Borsten oder Bändern

DTO 2224518. Verfahren und Vorrichtung zur Herstellung einer großen Zahl gleichmäßiger Heterofäden. Erf.: *Williams* jr., *Guy Milton* u. *Henry Rausch* jr., Anm.: Fiber Industries Inc., Charlotte, N. C. (US). A. 19. 5. 72, B. 6. 12. 73. Kl.: 29a, 6/06. Int. Kl.: D 01d 5/28. A.-Z.: P 2224518.

OEP 313460. Acrylnitrilfasern und Verfahren zu ihrer Herstellung. Erf.: *Keitaro Shimoda, Nobuhiro Tsut, Hideto Sekiguchi* u. *Masao Sone.* Inh.: American Cyanamid Co., Wayne (US). A. 2. 2. 70, B. 15. 6. 73. Kl.: 29a, 7/03, Int. Kl.: D 01d 5/06. A.-Z.: 951/70. Prior.: 3. 2. 69 (JA; A.-Z.: 44/8366). Entspr. DTO 2004809, CHP 519040, FRP 2033847, GBP 1287518 u. USP 3673053.

GBP 1336811 (Zus. z. Pat. 1131282 u. Pat. 1114151). Herstellung von Garnen durch Recken und Fibrillieren von geschäumten Polyamidsträngen. Inh.: Monsanto Chemicals Ltd. A. 14. 4. 71, B. 14. 11. 73. Kl.: B5.B, Int. Kl.: D 01d 5/00, D 01f 7/04. A.-Z.: 9347/71.

GBP 1340142 (ausgesch. aus Pat. 1336144). Herstellung von Verbundfäden. Inh.: Imperial Chemical Industries Ltd. A. 1. 6. 70, B. 12. 12. 73. Kl.: B5.B, Int. Kl.: D 01d 3/00, 5/28. A.-Z.: 16010/71.

USP 3739053. Verfahren zur Fibrillierung gereckter Filme. Erf.: *Masahide Yazawa.* Inh.: Polymer Processing Research Institute Ltd., Tokio (JA). A. 17. 9. 71, B. 12. 6. 73. Kl.: 264–154, Int. Kl.: D 01d 5/22. 6 Anspr. A.-Z.: 181329 (ausgesch. aus Pat. m. A.-Z.: 818529. A. 23. 4. 69; Zus. z. Pat. m. A.-Z.: 510546. A. 30. 11. 65; u. Zus. z. Pat. m. A.-Z.: 569714. A. 2. 8. 66). Prior.: 5. 6. 65, 14. 4. 66 (JA; A.-Z.: 40/33241, 41/23966). A.-Z.: 23966 entspr. DTO 1660576, CHP 480451, FRP 1492498 u. GBP 1133978.

D 01f. Chemische Gesichtspunkte bei der Herstellung von künstlichen Fäden, Gespinsten, Fasern, Borsten oder Bändern

JAP 7302409. Modifiziertes Polyamid. Erf.: *Kazuo Matsukua, Yoshio Yoshizawa* u. *Minoru Mitsui.* Inh.: Unitika Co. Ltd. A. 31. 3. 69, B. 24. 1. 73. Int. Kl.: C 08g, k, D 01f. A.-Z.: 6924670.

JAP 7344519. Flammfeste Regeneratcellulosefaserstoffe. Erf.: *Teizo Tsuji, Haruo Kishida* u. *Katsusuke Urata.* Inh.: Daiwa Spinning Co. Ltd. A. 13. 10. 71, B. 26. 6. 73. Kl.: 42 B 11, 48 D 8. A.-Z.: 7181252.

CHP 544817. Verfahren zur Herstellung eines Fadens mit hoher Kräuselung und so erhaltener Faden. Erf.: *Giorgio Della Fortuna* u. *Luigi Ciceri.* Inh.: Snam Progetti S.p.A., 16, Corso Venezia, Mailand (IT). A. 29. 10. 71. Int. Kl.: D 01f 7/04, D 01d 5/22. A.-Z.: 15776/71. Prior.: 2. 11. 70 (IT; A.-Z.: 31263 A/70). Entspr. DLP 91877, DTO 2154463 u. FRP 2113384.

FRP 2174849 (B). Eine natürliche Kräuselung aufweisende Polyacrylnitrilfaserstoffe sowie Verfahren zu deren Erzeugung. Inh.: Akzo N. V. A. 19. 2. 73, B. 23. 11. 73. Int. Kl.: D 01f 7/06. A.-Z.: 7305767. Prior.: 7. 3. 72 (NL; A.-Z.: 7203038). Entspr. DTO 2310740.

GBP 1339181. Vernetzte Phenol-Formaldehyd-Fasern. Inh.: Toray Industries Inc. A. 1. 10. 71, B. 28. 11. 73. Kl.: C3.R, B5.B, Int. Kl.: C 08g 37/08, 5/06, 51/22, D 01f 7/04. A.-Z.: 45751/71. Prior.: 2. 10. 70, 23. 12. 70, 13. 4. 71, 4. 5. 71 (JA; A.-Z.: 85 935, 115764, 22734, 28911). Entspr. DTO 2149053 u. FRP 2110188.

JAP 7341033. Flammfeste Acrylfaserstoffe. Erf.: *Hajime Ishii* u. *Ichiro Kobayashi.* Inh.: Kanebo Co. Ltd. A. 27. 9. 71, B. 16. 6. 73. Kl.: 42 D 24, 42 D 232. A.-Z.: 7175586.

JAP 7343753. Aus Vinylidenfluorid-Vinylfluorid-Copolymerem bestehende Fäden und Filme mit gutem Glanz. Erf.: *Junji Kawamura, Kazuo Washida* u. *Yoshio Toi.* Inh.: Teijin Ltd. A. 6. 10. 71, B. 23. 6. 73. Kl.: 25(5) E0.

JAP 7344522. Flüssigkristalle enthaltende Verbundfäden mit Regenbogenfarbe. Erf.: *Heiji Arimoto, Tomonari Kakishita* u. *Munekazu Takada.* Inh.: Unitika Co. Ltd. A. 11. 10. 71, B. 26. 6. 73. Kl.: 42 DO, 42 GO, 42 D 11, 42 D 12. A.-Z.: 7179971.

JAP 7344525. Monofile aus verseiftem Äthylen-Vinylacetat-Copolymerem für Badehaarnetze. Erf.: *Tamemaru Esaki* u. *Yutaka Hirano.* Inh.: Kuraray Co. Ltd. A. 11. 10. 71, B. 26. 6. 73. Kl.: 42 D 21, 42 D 22. A.-Z.: 7180074.

JAP 7344527. Antistatische Acrylfaserstoffe mit gutem Glanz. Erf.: *Hiroshi Kanno* u. *Hironori Matsui.* Inh.: Kanebo Co. Ltd. A. 13. 10. 71, B. 26. 6. 73. Kl.: 42 D 24, 25(1) C 178, 25(1) C 172.1. A.-Z.: 7181107.

JAP 7345611. Schmälzmittel zum Recken kautschukverstärkter Polyamidfäden. Erf.: *Itsuo Yoshida, Rokuro Sakai* u. *Shuhonosuke Shigemura.* Inh.: Toray Industries, Inc. A. 15. 10. 71, B. 29. 6. 73, Kl.: 42 A 423, 48 D 01. A.-Z.: 7180960.

JAP 7345623. Hochfeste Acrylfaserstoffe mit hohem Modul. Erf.: *Moriaki Shirakata, Shigeo Mitsui* u. *Hiroyoshi Yamauchi.* Inh.: Toray Industries, Inc. A. 19. 10. 71, B. 29. 6. 73. Kl.: 42 D 24. A.-Z.: 7162144.

JAP 7345697. Mit Hydroxylamin modifizierte flammfeste Acrylfaserstoffe. Erf.: *Michikaze Ono, Hajime Sahara* u. *Masanori Akasako.* Inh.: Mitsubishi Rayon Co. Ltd. A. 21. 10. 71, B. 29. 6. 73. Kl.: 48 D 8. A.-Z.: 7183511.

JAP 7350016. Elastische Polyurethanfäden. Erf.: *Norio Yamakawa, Hiroshi Ono* u. *Niro Kitasako.* Inh.: Toyobo Co. Ltd. A. 4. 11. 71, B. 14. 7. 73. Kl.: 42 D 1, 25(1) D 52. A.-Z.: 7187782.

JAP 7356923. Polyäthylenterephthalatfasern mit guter Pillbeständigkeit und Verspinnbarkeit. Erf.: *Masao Sekiguchi, Hideo Kato* u. *Tooru Utsui.* Inh.: Teijin Ltd. A. 25. 11. 71, B. 10. 8. 73. Kl.: 42 D 12, 42 A 425. A.-Z.: 7194661.

JAP 7356924. Gekräuselte Polyesterfaserstoffe. Erf.: *Junyo Nakagawa, Yoshikata Ohno, Tamemaru Esaki* u. *Kaizo Ueda*. Inh.: Kuraray Co. Ltd. A. 25. 11. 71, B. 10. 8. 73. Kl.: 42 D 12. A.-Z.: 7194949. Entspr. DTO 2240742 u. FRP 2149572.
JAP 7356944. Bauschgarn aus vollaromatischem Polyamid. Erf.: *Seizaburo Hirata*. Inh.: Teijin Ltd. A. 19. 11. 71, B. 10. 8. 73. Kl.: 44 A 86, 42 D 11. A.-Z.: 7192833.
USP 3737506. Verfahren und Vorrichtung zur kontinuierlichen Extrusion von hochviskosen Schmelzen. Erf.: *Horst G. Martin* u. *Ulrich P. Feer*. Inh.: Société de la Viscose Suisse, Emmenbrücke (CH). A. 3. 4. 70, B. 5. 6. 73. Kl.: 264–176 F, Int. Kl.: D 01f 7/00. 11 Anspr. A.-Z.: 25480. Entspr. DTO 2116254, CHP 515346, FRP 2089444 u. GBP 1309969.
USP 3737508. Verfahren und Vorrichtung zum Trockenspinnen. Erf.: *Jackie A. Weir*. Inh.: E. I. du Pont de Nemours and Co., Wilmington, Del. A. 2. 2. 72, B. 5. 6. 73. Kl.: 264–204, Int. Kl.: D 01f 7/00. 4 Anspr. A.-Z.: 222926.

D 01g. Vorbehandlung der Fasern, z. B. zum Verspinnen

SUP 353603 (Urheberschein). Vorrichtung zum Schneiden von Chemiefaserkabeln. Erf.: *V. E. Slyvakov*. Anm.: Central'nyi naučno-issledovatel'skij institut šerstjanoj promyšlennosti i Moskovskij ordena Trudovogo Krasnogo Znameni tekstil'nyi Institut. A. 28. 4. 71, B. 19. 10. 73. Int. Kl.: D 01g 1/10. A.-Z.: 1646218/28–12. Entspr. DTO 2220782.

DO 2. Garne; mechanische Veredlung von Garnen oder Seilen; Schären oder Bäumen

D 02g. Kräuseln oder Krimpfen (Texturieren) von Fasern, Fäden, Zwirnen oder Garnen; Garne oder Zwirne

DLP 101432. Stauchkräuselvorrichtung. Erf.: *Alexander Lubomir Trifunovic*. Inh.: Bancroft, Joseph, & Sons, Co. (US). A. 29. 8. 72, B. 5. 11. 73. Kl.: 29a, 6/20, Int. Kl.: D 02g 1/12. A.-Z.: AP D 02g/165297.
DLP 101926. Verfahren und Vorrichtung zur Herstellung eines Garnes, Erf. u. Inh.: *Wilfried Gruner* u. *Wolfgang Hofmann* (DL). A. 6. 2. 73, B. 20. 11. 73. Kl.: 76c, 31, Int. Kl.: D 02g 1/02. A.-Z.: WP D 02g/168678.
DLP 102170. Vorrichtung zum Texturieren von Foliefäden. Erf. u. Inh.: *Rudi Neumann* u. *Hans-Dieter Nötzold* (DL). A. 8. 2. 73, B. 5. 12. 73. Kl.: 29a, 6/20, Int. Kl.: D 02g 1/20. A.-Z.: WP D 02g/168743.
DTO 2227858. Falschzwirnkräuselmaschine. Erf.: *Karl Bauer* u. *Hellmut Lorenz*. Anm.: Barmag Barmer Maschinenfabrik AG, 5630 Remscheid (DT). A. 8. 6. 72, B. 20. 12. 73. Kl.: 29a, 6/20, Int. Kl.: D 02g 1/02. A.-Z.: P 2227858.
DTO 2328779. Verfahren und Vorrichtung zum Verwirbeln von Multifilgarnen. Erf.: *John Dimocritos Psaras*. Anm.: Allied Chemical Corp., Morristown, N. J. (US). A. 6. 6. 73, B. 20. 12. 73. Kl.: 29a, 6/20. Int. Kl.: D 02g 1/00. A.-Z.: P 2328779. Prior.: 7. 6. 72 (US; A.-Z.: 260676)
CHP 544822. Friktions-Falschdrallvorrichtung. Erf.: *Josef Raschle*. Inh.: Heberlein & Co. AG, Wattwil (CH). A. 3. 5. 72, Int. Kl.: D 02g 1/08. A.-Z.: 6588/72. Entspr. DTO 2317630.
GBP 1340281. Verfahren zur Herstellung eines texturierten Fadens. Inh.: Aerotex S. A. A. 4. 5. 72, B. 12. 12. 73. Kl.: D1.F, D1.W. Int. Kl.: D 02g 1/16, 3/26. A.-Z.: 20763/72. Prior.: 4. 5. 71 (LU; A.-Z.: 63101). Entspr. DTO 2221255, S. 316/73, CHP 532667.
GBP 1337048. Verfahren und Vorrichtung zum Spinnen von textilen Garnen. Inh.: Platt International Ltd. A. 5. 5. 71, B. 14. 11. 73. Kl.: D1.D, D1.F, D1.W, Int. Kl.: D 02g 3/28, D 01h 7/92. A.-Z.: 13232/71.
USP 3740940. Aus verwirrten Fäden bestehender Cellulosestrang. Erf.: *John Emmanuel Berkowitch*. Inh.: E. I. du Pont de Nemours & Co., Wilmington, Del. A. 26. 10. 71, B. 26. 6. 73, Kl.: 57–140 R, Int. Kl.: D 02g 3/02. 6 Anspr. A.-Z.: 192194.
DLP 101433. Verfahren und Vorrichtung zum Behandeln endloser Fäden. Erf. u. Inh.: *Erhard Rinnelt* (DL). A. 27. 3. 72, B. 5. 11. 73. Kl.: 760, 10/06, Int. Kl.: D 02j 1/22. A.-Z.: WP D 02j/161817.
FRP 2174998 (B). Reck- und Krumpfvorrichtung. Inh.: Zinser-Textilmaschinen GmbH. A. 5. 3. 73, B. 23. 11. 73. Int. Kl.: D 02j 1/22. A.-Z.: 7307716. Prior.: 3. 3. 72 (DT; A.-Z.: P 2210272, DTO 2210272.
JAP 7369914. Recken flacher Polyesterfäden. Erf.: *Yoichiro Ai*. Inh.: Teijin Ltd. A. 19. 11. 71, B. 10. 8. 73. Kl.: 42 A 423. A.-Z.: 7192824.
USP 3739055. Verfahren zur Hitzebehandlung von Polyamidfasern Erf.: *Toshiyuki Ueda* u. *Takuji Fukuda*. Inh.: Bridgestone Tire Co. Ltd., Tokio (JA). A. 19. 8. 70, B. 12. 6. 73. Kl.: 264–342 RE, Int. Kl.: B 29c 25/00. 1 Anspr. A.-Z.: 65094. Prior.: 26. 8. 69 (JA; A.-Z.: 44/67047). Entspr. DTO 2042150 u. GBP 1312337.

PAPIER

D 21. Papierherstellung; Gewinnung von Cellulose bzw. Zellstoff

D 21c. Gewinnung von Cellulose durch Abscheiden nichtcelluloseartiger Substanzen von cellulosehaltigen Stoffen; Wiedergewinnung der Zellstoffablaugen; Vorrichtungen dafür

DTO 2329890. Verfahren zum Einmischen von bleichenden Chemikalien in Faserstoff bei hohen Stoffkonzentrationen. Erf.: *Arne Johan Arthur Asplund, Rolf Bertil Reinhall* u. *Per Johan Ingemar Ahrel*. Anm. Defibrator AB, Stockholm (SW). A. 12. 6. 73, B. 3. 1. 74. Kl.: 55c, 1, Int. Kl.: D 21c 9/10. A.-Z.: P 2329890. Prior.: 13. 6. 72 (SW; A.-Z.: 7776/72).
JAP 7345602. Papier oder Textilverbundstoffe aus Acrylfaserstoffen. Erf.: *Yoshinori Masuda, Hideo Sato, Tadahiro Kobayashi* u. *Yoshiaki Terada*. Inh.: Asahi Chemical Industry Co. Ltd. A. 15. 10. 71, B. 29. 6. 73. Kl.: 39 B 112, 39 CO. A.-Z.: 7180945.

Sektion G. Physik

G 01. Messen; Prüfen

G 01n. Untersuchen der chemischen oder physikalischen Eigenschaften von Stoffen

SUP 403993 (Urheberschein). Relaxometer zur Prüfung von Fäden. Erf.: *G. N. Kukin* u. 5 weitere. Anm.: Moskovskij tekstil'nyj Institut. A. 26. 2. 71, B. 26. 10. 73. Int. Kl.: G 01n 3/08. A.-Z.: 1625872/28–12.
SUP 405053 (Urheberschein). Gerät zur Bestimmung der thermischen Stabilität von Polymerschmelzen. Erf.: *E. L. Kalinčev, E. I. Maram, B. E. Vostorgov* u. *E. D. Žukovskaja*. A. 3. 6. 71, B. 22. 10. 73. Int. Kl.:
SUP 405045 (Urheberschein). Gerät zur Berstprüfung von Polymermaterial. Erf.: *G. A. Patrikeev, L. N. Ovcinnikov, N. D. Zacharov* u. *V. N. Ovcinnikova*. Anm.: Jaroslavskij technologičeskij Institut. A. 10. 6. 71, B. 22. 10. 73. Int. Kl.: G 01n 3/08. A.-Z.: 1670644/23–5.

Literaturschau

Auszug aus Lieferung 6 und 7/1974 der Literaturschau „Faserstoffe und Textiltechnik", zusammengestellt von der Abteilung Information und Dokumentation des Instituts für Polymerenchemie der AdW der DDR, 153 Teltow-Seehof, Kantstr. 55

I. Polymerwissenschaft

Analyse- und Untersuchungsmethoden

Bismuth, W.: Die Akustik in der Rheologie und ihre Anwendungsmöglichkeiten. Rheologica Acta, Darmstadt **12** (1973) 3/4, S. 398–403 (franz.)
Kelkar, J. V., Mashelkar, R. A., Ulbrecht, J.: Ein Viskosimeter vom rotierenden Kugel-Typ. J. appl. Polymer Sci. **17** (1973) 10, S. 3069–3083.
Karasawa, M., Choji, N.: Ein einfaches Auswertungsverfahren des Konzentrationsverteilungswertes für die konzentrationsabhängige Diffusion. Sen-i Gakkaishi, Tokyo (J. Soc. Fiber Sci. Technol. Japan) **29** (1973) 12, S. T551–T555. (jap.; engl. Zusammenfass.)
Trifonov, A.: Anwendung der ATR-Spektroskopie bei der Untersuchung von polymeren Schichten und den darin ablaufenden Vorgängen. Z. physik. Chemie, Leipzig **254** (1973) 3/4, S. 156–172.
Pankratova, M. N., Bobrova, L. E., Bolobova, A. V., Izmajlova, V. N.: Bestimmung der Abmessung der Teilchen in wäßrigen Caseindispersionen mit Hilfe der Lichtstreuungsmethode. Kolloid. Ž., Moskva **36** (1974) 1, S. 54–57.
Fitzky, H. G.: Anwendung der Elektronenspinresonanz zur Untersuchung von Adsorptionsvorgängen und Elementarakten an der Oberfläche fester Körper. GIT. Fachz. Laboratorium **18** (1974) 2, S. 117–118, 121–124.
O'Neill, I. K.: Die Anwendung der magnetischen Kernresonanzspektroskopie zur Charakterisierung von Stoffen. Proc. Soc. analyt. Chem. **11** (1974) 2, S. 23.
Greenhow, E. J., Spencer, L. E.: Ionische Polymerisation als Mittel zur Endpunktbestimmung bei der nichtwäßrigen thermometrischen Titrimetrie. V. Die jodometrische Bestimmung von organischen Basen, Hydrazinderivaten und Wasser. Analyst 99 (1974) 1175, S. 82–92.
Krause, S., Stroud, D. E.: Trübungspunktkurven für Polystyrole geringer Polydispersität in Cyclohexanlösung. J. Polymer Sci.: Polymer Physics Ed. **11** (1973) 11, S. 2253–2260.
Cooper, A. R., Johnson, J. F., Bruzzone, A. R.: Gelchromatographie. I. Einfluß der Fließgeschwindigkeit und der relativen Molekülmasse auf Trennschärfe. II. Einfluß der Fließgeschwindigkeit des Lösungsmittels auf die berechneten Mittelwerte der relativen Molekülmasse. European Polymer J. **9** (1973) 12, S. 1381–1391, 1393–1403.

Ausgangsstoffe, Monomere und Oligomere

Calciu, N., Andrei, C.: Optimierung der wichtigsten Parameter für den Herstellungsprozeß von Terephthalsäure durch Disproportionierung von K-Benzoat. Rev. Chimie, București **24** (1973) 8, S. 588–591.
Babkin, V. V., Mickevič, N. I., Faldina, N. I., Bal'kov, B. G., Zernov, P. N., Kudrjavcev, I. V.; Šubin, Ju. A., Kudrjašova N. D.: Betriebserfahrungen mit den Oxydationskolonnen in der Produktion von Dimethylterephthalat. Chim. Volokna (Chemiefaserstoffe), Moskva (1974) 1, S. 33 bis 35.
Muljanov, P. V., Mončarž, N. M., Bogdanova, T. M., Golov, V. G.: Bestimmung der isomeren Zusammensetzung von Toluylendiisocyanat durch DK-Messung. Zavodsk. Labor. (Betriebslabor) **40** (1974) 1a, S. 65–66.

Polymersynthesen

Čičelo, N. M., Enikolopjan, N. S.: Über die Struktur der Polymerisationswellenfront und den Ausbreitungsmechanismus der Polymerisationsreaktion. Dokl. Akad. Nauk SSSR (Ber. Akad. Wiss. UdSSR) **214** (1974) 5, S. 1131–1133.
Hinderer, H. E., Smith, R. W., Preston, J.: Aromatische Copolyamide mit Carboxylseitengruppen. Appl. Polymer Symposia (1973) 21, S. 1–9.
Tada, K., Shirota, Y., Mikawa, H.: Mechanismus der Ladungsübertragungspolymerisation. V. Photopolymerisation und Photocyclodimerisierung von N-Vinylcarbazol im System N-Vinylcarbazol/Sauerstoff/Lösungsmittel. J. Polymer Sci.: Polymer Chem. Ed. **11** (1973) 11, S. 2961–2974.
Yamaguchi, T., Nagai, K., Ono, T.: Polymerisation von Styrol in flüssigem Schwefeldioxid in Gegenwart von Cycloolefinen. Kobunshi Kagaku, Tokyo (Chem. High Polymers) **30** (1973) 343(11), S. 688–693. (jap., engl. Zusammenfass.)

Lineare Polymere mit Kohlenstoffkette

Kaetsu, I., Ito, A., Hayashi, K.: Strahlungsinduzierte Festkörperpolymerisation in binären Systemen. VII. Polymerisation in einer langkettige Verbindungen enthaltenden Fest/Flüssig-Gleichgewichtsphase. J. appl. Polymer Sci. **17** (1973) 10, S. 3223–3233.
Fisjuk, L. T., Mal'ceva, N. G., Ajzenštejn, Ė. M.: Einfluß des Umsatzgrades bei der Umesterung auf die Zusammensetzung des Reaktionsgemisches und des Polyäthylenterephthalats. Chim. Volokna, Moskva (Chemiefaserstoffe), (1974) 1, S. 24–26.
Vorob'eva, A. I., Abljakimov, Ė. I., Lepljanin, G. V., Rafikov, S. R., Gladyšev, G. P.: Untersuchung der Polymerisations- und Copolymerisationskinetik von Methacrylsäuresulfonester. Vysokomol. Soed. (Hochmol. Verbind.), Serija A **16** (1974) 2, S. 349–359.
Narita, H., Okimoto, T., Machida, S.: Untersuchungen über die Polymerisation in Gegenwart von Metallsalzen. 9. Über den Initiierungsmechanismus der Polymerisation von Acrylamid durch Cer(IV)-Salz. Makromol. Chemie **175** (1974) 1, S. 111–118. (engl.)
Yamanaka, S., Kanamaru, F., Koizumi, M.: Rolle der Zwischenschicht-Kationen bei der Bildung von Acrylnitril-Montmorillonit-Komplexen. J. physical. Chem. **78** (1974) 1, S. 42–44.

Vernetzte Polymere

Iržak, V. I., Enikolopjan, N. S.: Anwendung der Theorie von Verzweigungsvorgängen auf Polymersysteme. Vysokomol. Soed. (Hochmol. Verbind.) Serija B: Kratkie Soobšč. (Kurzmitt.) **16** (1974) 1, S. 51–53.

Králíček, J., Kondelíková, J., Kubánek, V.: 5,5'-bis(1-aza-2-cycloheptanon und 5,5'-Isopropyliden-bis-1-aza-2-cycloheptanon) und ihre Copolymerisation mit ε-Caprolactam. Coll. czechoslov. chem. Commun. 39 (1974) 1, S. 249–256.

Chemische Umsetzungen an Polymeren

Dietzmann, I., Tomanová, D., Hetflejš, J.: Durch Rhodiumkomplexe katalysierte Hydrosilylierung bei Polymeren mit unterschiedlichem Vernetzungsgrad. Coll. czechoslov. chem. Commun. **39** (1974) 1, S. 123–134.

Petropavlovskij, G. A., Vasil'eva, G. G., Černova, Z. D.: Eigenschaften von partiell substituierten und vernetzten Celluloseacetatfolien. Faserforsch. u. Textiltechnik/Z. Polymerforsch. **25** (1974) 2, S. 49–54.

Polymeranaloge Reaktionen

Aziz, K., Shinouda, H. G.: Oxydation der Cellulose und ihre thermische Umwandlung. Cellulose Chem. Technology, Iaşi **7** (1973) 5, S. 569–574. (engl.)

Koura, A., Ibrahum, A.: Acetylierung der Cellulose. I. Acetylierung von mit Ammoniaklösungen behandelter Baumwolle. Faserforsch. u. Textiltechnik/Z. Polymerforsch. **25** (1974) 2, S. 57–60.

Sung Jho Kim, Takizawa, T.: Herstellung eines neuen Polyoxims und reversible Aufnahme von molekularem Sauerstoff und Kohlenmonoxid durch seine Metallkomplexe. Makromol. Chemie **175** (1974) 1, S. 125 bis 136. (engl.)

Pfropfung

Yamaguchi, T., Sasaki, E., Maezawa, J., Kawamoto, M.: Anionische Pfropfpolymerisation von Methylmethacrylat auf Polyamid 6. Kobunshi Kagaku (Chem. High Polymers), Tokyo **30** (1973) 343(11), S. 699–703. (jap., engl. Zusammenfass.)

Vernetzung

Stanonis, D. J., Vail, S. L., King, W. D.: Die Herstellung und säurekatalysierte Hydrolyse von Polyoxymethylenisopropylmethyläthern. J. appl. Polymer Sci. **17** (1973) 10, S. 3061–3067.

Abbaureaktionen

Aziz, A., Shinouda, H. G.: Oxydation der Hydrocellulose und ihre Beziehung zur Struktur. Cellulose Chem. Technology, Iaşi **7** (1973) 5, S. 575–579. (engl.)

Mill, T., Richardson, H., Mayo, F. R.: Alterung und Abbau von Polyolefinen. IV. Thermischer und Photoabbau von Modellperoxiden. J. Polymer Sci.: Polymer Chem. Ed. **11** (1973) 11, S. 2899–2907.

Gorochov, V. I., Fedotova, O. Ja., Koršak, V. V.: Untersuchung des thermooxydativen Abbaues von aromatischen Polyharnstoffen. Vysokomol. Soed. (Hochmol. Verbind.), Serija A **16** (1974) 2, S. 359–364.

Morikawa, T., Amano, T.: Wirkungen und Einfluß von höheren Fettsäureamiden auf den thermischen Abbau von Polyvinylchlorid. Kobunshi Kagaku, Tokyo (Chem. High Polymers) **30** (1973) 343(11), S. 673–680. (jap., engl. Zusammenfass.)

Ajroldi, G., Stea, G., Mattiussi, A., Fumagalli, M.: Thermisches Verhalten von Polyamid-6-Copolyamiden mit aromatischen Ringen. J. appl. Polymer Sci. **17** (1973) 10, S. 3187–3197.

Mauritz, K. A., Baer, E., Hopfinger, A. J.: Molekülenergetik der epitaxialen Kristallisation von Polyäthylen auf Alkalihalogenidsubstraten. J. Polymer Sci.: Polymer Physics Ed. 11 (1973) 11, S. 2185–2197.

Physik und physikalische Chemie von Polymeren

Askadskij, A. A., Slonimskij, G. L., Kitajgorodskij, A. I.: Über die Veränderung der Packungsdichte von Makromolekülen bei physikalischen Umwandlungen von Polymeren. Vysokomol. Soed. (Hochmol. Verbind.), Serija A **16** (1974) 2, S. 424–430.

Kapuckij, V. E., Kapuckij, F. N., Mečkovskij, S. A., Soldatov, V. S., Zakrevskaja, G. D., Širko, A. I., Bredelev, V. A.: Untersuchung der selektiven Eigenschaften der Monocarboxylcellulose. Kolloid. Ž., Moskva **36** (1974) 1, S. 43–48.

Hosemann, R., Loboda-Čačković, J., Čačković, H.: Ein neuer Flüssigkristalltyp. Ber. Bunsenges. physik. Chemie 77 (1973) 12, S. 1044–1047.

Wkochowicz, A., Jeziorny, A.: Bestimmung der Kristallinität von Copolyamidfaserstoffen. J. Polymer Sci.: Polymer Chem. Ed. 11 (1973) 11, S. 2719–2725.

Watanabe, T., Onishi, K., Takahashi, T., Tsujimoto, I.: Feinstruktur von in organischem Lösungsmittel (Benzylalkohol) getempertem, gerecktem Polyamid-6. Sen-i Gakkaishi, Tokyo (J. Soc. Fiber. Sci. Technol. Japan.) Tokyo **29** (1973) 12, S. T515–T523. (jap., engl. Zusammenfass.)

Wu, W., Turner, A. P. L.: Scherungsbänder in Polycarbonat. J. Polymer Sci.: Polymer Physics Ed. **11** (1973) 11, S. 2199–2208.

Jansson, J.-F.: Untersuchung von Relaxationserscheinungen in Polymeren. I. Die Anwendung von periodischen Quadrat- und Dreieckspannungsfunktionen. II. Das Verhalten von einfachen Polymeren in ihrem Hauptübergangsbereich. III. Überlagerte Übergangsmechanismen in Polyisobutylen und Polyvinylacetat. IV. Überlagerte Übergangsmechanismen in Polymethacrylaten. J. appl. Polymer Sci. **17** (1973) 10, S. 2965 bis 2975; 2977–2986, 2987–2996, 2997–3002.

Hölzl, K., Schmid, C.: Deutung von durch Fehlstellen hervorgerufenen Besonderheiten des Niederfrequenzspektrums von Polyäthylen. J. chem. Physics **58** (1973) 11 (Teil 2), S. 5172–5173.

Lavrent'ev, V. V., Voronin, I. V.: Über die Dichte der Oberflächenschichten von Polymethylmethacrylat. Kolloid. Ž., Moskva **36** (1974) 1, S. 163 bis 164.

Phaovibul, O., Loboda-Čačković, J., Hosemann, R., Baltá-Calleja, F. J.: Nachweis von „Memory"-Effekten in Polyäthylen mit Hilfe der magnetischen Suszeptibilität. J. Polymer Sci.: Polymer Physics Ed. **11** (1973) 11, S. 2273–2282.

Derjagin, B. V., Toporov, Ju. P., Alejnikova, I. N., Burta-Gapanovič, L. N.: Untersuchung des Einflusses einer physikochemischen Modifizierung von Polymerteilchen auf ihre Elektroadhäsionseigenschaften. Kolloid. Ž., Moskva **36** (1974) 1, S. 31–35.

Simha, R., Utracki, L. A.: Die Viskosität von konzentrierten Polymerlösungen: Prinzipien der korrespondierenden Zustände. Rheologica Acta, Darmstadt **12** (1973) 3/4, S. 455–464. (engl.)

Manley, R. St. J.: Gelchromatographische Untersuchungen des Celluloseabbaus. II. Methanolyse von Cellulosetriacetat. J. Polymer Sci.: Polymer Physics Ed. **11** (1973) 11, S. 2303–2306.

Abdel-Alim, A. H., Hamielec, A. E.: Molekülaggregation in Polyvinylchlorid. J. appl. Polymer Sci. **17** (1973) 10, S. 3033–3047.

Polymere Festkörper

Lánská, B., Šebenda, J.: Bei Zimmertemperatur in Caprolactampolymeren auftretende Änderung im Polymerisationsgrad und Säure- und Basegehalt. Coll. czechoslov. chem. Commun. **39** (1974) 1, S. 257–266.

Takahashi, Y., Sumita, I., Tadokoro, H.: Strukturuntersuchungen von Polyäthern. IX. Planare Zickzack-Modifikation von Polyäthylenoxid. J. Polymer Sci.: Polymer Physics Ed. **11** (1973) 11, S. 2113–2122.

Vasin, R. A., Gromova, I. A., Nikitočkin, A. N., Ogibalov, P. M.: Experimentelle Untersuchung von Polyäthylen bei komplizierten Belastungen. Mech. Polimerov, Riga (Mech. Polymere) (1974) 1, S. 10–17.

Oldyrev, P. P., Parfeev, V. M.: Untersuchung der Ermüdungsbrüche von Polymethylmethacrylat bei Torsionsbiegung. Mech. Polimerov, Riga (Mech. Polymere) (1974) 1, S. 173–175.

Polymerschmelzen

Kawakami, H., Miyoshi, A., Murano, I.: Untersuchung der isotherm Kristallisationskinetik von Polyvinylalkohol. Sen-i Gakaaishi (J. Soc. Fiber Sci. Technol. Japan) **29** (1973) **11**, S. T467–T471.

Polymerlösungen und -dispersionen

Kyselka, A.: Der Einfluß der Wechselwirkungen des ausgeschlossenen Volumens auf die statistische Länge einer Polymerkette. Coll. czechoslov. chem. Commun. **39** (1974) 1, S. 119–122.

Dayantis, J.: Eine Ableitung der Thermodynamik von Polymerlösungen durch Anwendung des Begriffes des freien Volumens. B. Die Mischungswärme. J. physical Chem. **77** (1973) 25, S. 2977–2984.

Iržak, V. I., Kuzub, L. I., Enikolopjan, N. S.: Viskosität konzentrierter Polymerlösungen. Dokl. Akad. Nauk SSSR (Ber. Akad. Wiss. UdSSR) **214** (1974) 6, S. 1340–1342.

Begljarov, É. M., Pugačevič, P. P., Kamaljan, R. M.: Oberflächeneigenschaften ternärer athermischer Polymerlösungen. Kolloid. Ž., Moskva **36** (1974) 1, S. 14–18.

Rudin, A., Strathdee, Glenn B., Edey, W. B.: Praktische Abschätzung von Parametern verdünnter Lösungen. J. appl. Polymer Sci. **17** (1973) 10, S. 3085–3099.

Barambojm, N. K., Rakitjanskij, V. F.: Strukturbildung in festen Polymerdispersionen. Kolloid. Ž., Moskva **36** (1974) 1, S. 129–132.

Sokolova, T. S., Efimova, S. G., Volochina, A. V., Papkov, S. P., Kudrjavcev, G. I.: Untersuchung der Lösungen von Poly-p-phenylenterephthalamid in konzentrierter Schwefelsäure. Chim. Volokna, Moskva (Chemiefaserstoffe), (1974) 1, S. 26–28.

Kuwahara, N., Kojima, J., Kaneko, M., Chu, B.: Koexistenzkurve des Polystyrol/Cyclohexan-Systems im kritischen Bereich. J. Polymer Sci.: Polymer Physics Ed. 11 (1973) 11, S. 2307–2310.

Vajnerman, E. S., Grinberg, V. Ja., Tolstoguzov, V. B.: Umsetzung von Gelatine mit Natriumalginat in wäßrigen Medien. Vysokomol. Soed. (Hochmol. Verbind.), Serija A 16 (1974) 2, S. 252–256.

Applikation von Polymeren

Lužaková, V., Reiser, V., Košik, M.: Die Radikalkettenpolymerisation der Vinylmonomeren im Holz „in situ" unter Berücksichtigung akzessorischer Holzbestandteile. Holzforsch. **28** (1974) 1, S. 1–4.

Meckelburg, E.: Schaumstoffe auf Kunststoffbasis. Teil I. Arten, Eigenschaften, Verfahren, Einsatzbereiche. Kautschuk, Gummi, Kunststoffe **27** (1974) 1, S. 19–23.

Sonderfragen

Magaril, R. Z., Berezina, Z. N.: Rußbildung auf der Kohlenstoffoberfläche. Ž. fizič. Chimii (Z. physik. Chemie) **48** (1974) 2, S. 475–477.

Minaev, Ju. A., Iksanov, B. A., Žuchovickij, A. A.: Mehrschicht-Diffusionsmechanismus der Spreitung von Flüssigkeiten. Kolloid. Ž., Moskva **36** (1974) 1, S. 167–170.

Alekseev, O. L., Ovčarenko, F. D., Bojko, Ju. P., Procenko, I. T.: Einfluß der Konzentration hochdisperser fester Phasen auf die Elektroosmose. Kolloid. Ž., Moskva **36** (1974) 1, S. 121–123.

Rauzen, F. V., Dudnik, S. S., Nefedova, G. Z., Tereščenko, M. N., Žukov, M. A.: Regenerierung von Salzlösungen durch Elektrodialyse unter Anwendung bipolarer Membranen. Ž. prikl. Chimii (Z. angew. Chemie) **47** (1974) 2, S. 347–351.

II. Faserstoffe. Ausgangsstoffe usw.

Sachs, R., Baer, J.: Reißfasern, ein wichtiger Sekundärrohstoff – Herstellung, Einordnung und Wertigkeit innerhalb der Fasersortimente der Textilindustrie. Textiltechnik **24** (1974) 2, S. 88–94.

Naturfaserstoffe

Pflanzliche Faserstoffe

Sinha, M. K.: Die Verwendung von Bananenpflanzen-Fasern als Ersatz für Jute. J. Textile Inst. **65** (1974) 1, S. 27–33.

Tierische Faserstoffe

Ryder, M. L.: Vliesmessungen an einigen urwüchsigen und nicht hochgezüchteten Schafbastarden. J. Textile Inst. **65** (1974) 1, S. 13–19.

Weckawowicz, M.: Einfluß des Karbonisierungsverfahrens auf die Struktur und Eigenschaften der Wolle. Technik włókienn. (Textiltechn.) **22** (1973) 11/12, S. 328–331.

Mălcomete, O., Derminot, J., Simionescu, C.: Die Pfropfung von Wollfasern mit Vinylmonomeren bei gleichzeitiger Einwirkung von elektrischen Entladungen und UV-Strahlen. Faserforsch. u. Textiltechnik/Z. Polymerforsch. **25** (1974) 2, S. 60–65.

Natürliche mineralische Faserstoffe

Klimt, Pavel: Technologie der Verarbeitung von Asbest. I. Teil. Textil, Praha **29** (1974) 1, S. 8–11.

Chemiefaserstoffe

Rogovin, Z. A., Papkov, S. P., Pakšver, A. B.: Die Bedeutung der Forschung für die Entwicklung der Chemiefaserindustrie. Chim. Volokna, Moskva (Chemiefaserstoffe), (1974) 1, S. 6–16.

Perepelkin, K. E., Pugač, B. M.: Hauptgesetzmäßigkeiten des Naßerspinnens von Faserstoffen bei unterschiedlichen Verfahren zur Änderung des Verzuges. Chim. Volokna, Moskva (Chemiefaserstoffe) (1974) 1, S. 48 bis 51.
Perepelkin, K. E., Muchin, B. A., Smirnov, V. S.: Chemiefaserstoffe für spezielle Zwecke, ihre Eigenschaften und Anwendung. Faserforsch. u. Textiltechnik/Z. Polymerforsch. **25** (1974) 2, S. 72–86.

Chemiezellstoff

Kosaja, G. S., Čečurina, Z. N.: Acetylierungsneigung von Laubholzsulfatzellstoff. Bumaž. Prom. (Papier-Ind.) (1974) 2, S. 6–8.
Abou-State, M. A., Helmy, S. A.: Chemiezellstoff aus ägyptischer Bagasse. Einfluß der Sulfidität auf den Viskosezellstoff. Faserforsch. u. Textiltechnik/Z. Polymerforsch. **25** (1974) 2, S. 54–56.
Lepoutre, P., Hui, S. H., Robertson, A. A.: Die Wasseraufnahme von hydrolysierten, mit Acrylnitril gepfropften Cellulosefasern. J. appl. Polymer Sci. **17** (1973) 10, S. 3143–3156.

Regeneratfaserstoffe

Beljakov, A. S., Klokov, Ju. L., Car'kov, G. A., Konev, D. G., Moiseev, N. F., Serebrjakov, Ju. P.: Stand und Perspektiven der Automatisierung der Viskosefaserstoffproduktion. Chim. Volokna, Moskva (Chemiefaserstoffe) (1974) 1, S. 2–5.
Filičeva, T. B., Mogilevskij, E. M., Papkov, S. P.: Änderung der Viskosität und der Reife von Viskose während der Nachreife. Chim. Volokna (Chemiefaserstoffe), Moskva (1974) 1, S. 53–55.
Šošina, V. J., Nikonovič, G. V., Usmanov, Ch. U.: Strukturuntersuchungen an Regeneratcellulosefaserstoffen mit Hilfe einiger physikochemischer Methoden. Cellulose Chem. Technology, Iaşi **7** (1973) 5, S. 503–511. (russ.)
Poppel, E., Ciovica, S.: Einige physikalisch-chemische und rheologische Aspekte von aminierten Hydratcellulosefasern. Papier **28** (1974) 2, S. 45–51.
Fedotov, A. P., Eršov, Ju. A., Smirnova, V. N., Efremova, V. Ja., Michajlov, N. V.: Elektrophysikalische Eigenschaften von Acetatfaserstoffen und -folien mit Zusätzen elementorganischer Polymerer. Chim. Volokna (Chemiefaserstoffe), Moskva (1974) 1, S. 61–63.

Synthetische Faserstoffe

Die statische Elektrizität, besiegt von den epitropischen Faserstoffen. Ind. textile, Paris (1973) 1029, S. 728–729.
Ginzburg, B. M., Martynov, M. A.: Einfluß des Reckens von Polyolefinfaserstoffen auf ihren Kristallisationsgrad. Vysokomol. Soed. (Hochmol. Verbind.), Serija B: Kratkie Soobšč. (Kurzmitt.) **16** (1974) 1, S. 17–20.

Polyamidfaserstoffe

Pigeon, R. P.: Polyamidimidfaserstoffe – Herstellung und Eigenschaften. Appl. Polymer Symposia (1973) 21, S. 33.
Rysjuk, B. D., Nosov, M. P., Osinin, S. G.: Ausbreitungsgeschwindigkeit von Ultraschallwellen in orientierten Polyacrylamidfaserstoffen. Chim. Volokna, Moskva (Chemiefaserstoffe), (1974) 1, S. 58–60.
Rothuizen, J. W.: Kevlar – eine neue Generation von Verstärkungsfasern für Reifen und andere Gummierzeugnisse. Chemiefasern/Textil-Ind. **24/76** (1974) 2, S. 97–98, 100–101.

Polyesterfaserstoffe

Dimov, K. D., Aleksandrova, I. P.: Über die Korrelation der Struktur und der Eigenschaften von Polyesterfaserstoffen beim Orientierungsrecken und bei der Thermostabilisierung. Chim. Volokna (Chemiefaserstoffe), Moskva (1974) 1, S. 42–45.

Polyacrylnitrilfaserstoffe

Terada, K.: Diffusion während des Koagulationsvorganges beim Naßerspinnen von Acrylfaserstoffen. III. Simulation von Diffusionsphänomenen bei gleichzeitiger Änderung von Faserradius und Diffusionskoeffizient. J. Sen-i Gakkaishi Tokyo (Soc. Fiber Sci. Technol. Japan) Tokyo **29** (1973) 12, S. T 524 bis T 531. (jap., engl. Zusammenfass.)
Terada, K.: Masse- und Wärmeübertragung in naßersponnenen Acrylfäden während des Reckens. Sen-i Gakkaishi, Tokyo (J. Soc. Fiber Sci. Technol. Japan) **29** (1973) 12, S. T 532–T 537. (jap., engl. Zusammenfass.)

Sonstige synthetische Faserstoffe

Badrian, W. H. J.: Polypropylenfasern – Herstellung und Einsatzgebiete. Chemiefasern/Textil-Ind. 24/76 (1974) 1, S. 30–31.
Noguchi, J., Nishi, N., Yoshimoto, M.: Untersuchungen über wollartige Modelle Copoly-L-Leucin, L-Cystin-Faserstoff. Kobunshi Kagaku, Tokyo (Chem. High Polymers) **30** (1973) 343(11), S. 704–708. (jap., engl. Zusammenfass.)
Ginzburg, B. M., Rašidov, D., Sultanov, N., Tujčiev, Š.: Strukturveränderungen während der Torsion von Polyäthylen. Mech. Polimerov, Riga (Mech. Polymeren) (1974) 1, S. 160–162.

Künstliche mineralische Faserstoffe

Hurley, G. F.: Mechanisches Verhalten von aus der Schmelze gewachsenem Saphir bei erhöhter Temperatur. Appl. Polymer Symposia (1973) 21, S. 121–130.

Kohlenstoffaserstoffe

Kotonosova, V. Ja., Sbitnev, O. S.: Methode zur Bestimmung des dynamischen E-Moduls von Kohlenstoffäden und -fasern. Zavodsk. Labor. (Betriebslabor) **40** (1974) 1, S. 106–107.
Ezekiel, Herbert M.: Hochmodul/hochfeste Graphitfaserstoffe durch direkte Graphitisierung von stabilisierten Acrylnitrilhomopolymervorläufern. Appl. Polymer Symposia (1973) 21, S. 153–166.

III. Fäden-Herstellungstechnologien

Spinnerei. Zwirnerei

Korikovskij, P. K.: Effektivität der OE-Spinnmaschinen und Spinnzwirnmaschinen bei ihrem gemeinsamen Einsatz. Textiltechnik **24** (1974) 2, S. 94–96.
Kaspárek, J., Stejskal, A.: Ermittlung der Faserorientierung in den Faserbändern und im Garn beim OE-Spinnverfahren. Textiltechnik **24** (1974) 2, S. 96–99.

Spinnereivorbereitung

Vasil'eva, E. S.: Einfluß der Streckpassagenanzahl auf die Kammgarnqualität. Tekstil. Prom. (Textil-Ind.), Moskva **33** (1973) 12, S. 39–40.

Einfluß der Feuchte und der Feuchteverteilung vor der Ballenpresse auf das Kardierverhalten der Zellwolle. Textil-Praxis internat. **29** (1974) 1, S. 50, 59.
Iredale, J. A.: Gegenüberstellung des Kämmens von geschmälzten und trockenen Fasern: Die gegenwärtige Situation des Kammgarn-Kämmens. Textile Inst. Ind. **12** (1974) 1, S. 16–17.
Mamers, H.: Das Einsparen von Wasser durch einen Kreislauf beim Woll-Carbonisierverfahren. J. Textile Inst. **65** (1974) 1, S. 51–52.

Spinnerei

Edberg, B.: Über eine Methode des Spinnens von der Kardentrommel. Magyar Textiltechnika **26** (1974) 1, S. 3–7.
Čížek, L.: Einfluß der Qualität der Vorlage auf den Verlauf des Offen-End-Spinnens. Textil, Praha **28** (1973) 12, S. 443–446.
Kašpárek, J., Štorek, J.: Erweiterung der Verwendbarkeit der Technologie des Offen-End-Spinnens auf dem Gebiet von Chemiefasern. Textil, Praha **29** (1974) 1, S. 5–7.
Bühler, G., Schenkel, E.: Können Ringspinnmaschinen schneller spinnen – und trotzdem weniger Fadenbrüche haben? Melliand Textilber. internat. **55** (1974) 2, S. 91–100.
Felix, E.: Pneumatische Faserbandmessung. Textile Ind. **137** (1973) 10, S. 110, 112, 114, 116.

Texturfäden

Denton, M. J.: Die Zukunft der Texturgarne: Recktexturierung und Bikomponentenfaserstoffe. Textile Inst. Ind. **12** (1974) 1, S. 5–9.
Offermann, P., Tausch-Marton, H., Pelzing, D.: Einbeziehung des Texturierens in den Wirk- und Strickvorgang. Wirk.- u. Strick.-Technik **23** (1973) 11, S. 753–757.

IV. Flächengebilde-Herstellungstechnologien

Kirchenberger, H.: Moderne Herstellungsverfahren für gewebte und nichtgewebte Florwaren. Melliand Textilber. internat. **55** (1974) 2, S. 113–121.
Janusz, T., Natkański, K.: Technische und ökonomische Aspekte der Web- und Wirk-/Stricktechnik bei der Herstellung von Textilerzeugnissen. Technik włókienn. (Textiltechn.) **22** (1973) 11/12, S. 323/326.

Materialvorbereitung

Bauer, H.: Entwicklungstendenzen bei Maschinen für die Webereivorbereitung. Chemiefasern/Textil-Ind. **24/76** (1974) 1, S. 42, 44.
Weber verlangen gereinigtes Garn. Textilbetrieb **92** (1974) 1/2, S. 47–48.
Trauter, J., Schneider, H. J., Laupichler, M.: Die Reutlinger Versuchs-Schlichterei. Chemiefasern/Textil-Ind. **24/76** (1974) 2, S. 111–112, 114–115.

Weberei

Krzeszewski, H.: Einfluß der Produktionssteigerung auf die Herstellungskosten in der Textilindustrie. Technik włókienn. (Textiltechn.) **22** (1973) 10, S. 292–295.

Weberei-Technologie

Bauer, H.: Entwicklungstendenzen bei Webmaschinen. Chemiefasern/Textil-Ind. **24/76** (1974) 2, S. 115–116, 118–120.
Horn, V., Skoumal, M.: Ist das mehrbahnige Weben auf pneumatischen Webmaschinen ökonomisch vorteilhaft? Textiltechnik **24** (1970) 2, S. 103–106.
Funder, A., Griese, H.: Verminderung der Laufunruhe von Harnischen bei hohen Maschinengeschwindigkeiten durch elastische Gegenzüge. Teil 1. Melliand Textilber. internat. **55** (1974) 2, S. 105–113.

Erzeugnisse der Weberei

Antwerpen, W., Niemann, I., Schindler, E.: Bettwäsche aus Polyester/Baumwolle für den Objektsektor. Chemiefasern/Textil-Ind. **24/76** (1974) 2, S. 121–123.

Wirkerei und Strickerei. Konfektion. Sonstige Technologien

Wirkerei- und Strickerei-Technologie

Knapton, J. J. F.: Das Wirken hochqualitativer Doppel-Jersey-Stoffe. IV. Dimensionseigenschaften der Punto-Roma-Bindung. Textile Inst. Ind. **12** (1974) 1, S. 18–20.
Feicht, B.-P.: Fehler an Kettenwirkautomaten und Waren. Ursachen und Beseitigung. Melliand Textilber. internat. **55** (1974) 2, S. 136–138.
Elektronik in der Strickerei. I. Tex/Textilis, Gent (1974) 2, S. 18–21.
Schäch, W.: Berechnung der Musterfelder bei Jacquard-Rundstrickmaschinen mit Musterrand. Textil-Praxis internat. **29** (1974) 1, S. 68–70.
Rationelle Produktion in der Strickerei durch Einsatz der Elektronik. Wirk- u. Strick-Technik **24** (1974) 2, S. 57–59.

Erzeugnisse der Wirkerei und Strickerei

Neuentwickelte elektronische Mustervorbereitungsanlage. Melliand Textilber. internat. **55** (1974) 2, S. 126.
Seidel, L. E.: Herstellung von kettengewirkter Oberbekleidung. Teil 7. Textile Ind. **137** (1973) 10, S. 129, 131–132, 135.
Kudrjavin, L. A.: Besonderheiten der Projektierung von Bindungen für Verpackungssäcke aus Netzgewirken, die auf Doppelkettenwirkmaschinen hergestellt werden. Izv. vysšich uč. Žav. Technol. legkoj Prom. (Hochschulnachr. Technol. Leichtind.) (1973) 6, S. 118–122.
Goetsch, W.: Vorteile und Zukunft für Rundstrickware. Melliand Textilber. internat. **55** (1974) 1, S. 38–41.

Konfektion

Müller, E.: Optimale Kettelleistung durch gezielten Einsatz unterschiedlicher Kettelmaschinentypen und Verwendung verschiedener Zusatzgeräte. Textiltechnik **24** (1974) 2, S. 106–111.

Textilverbundstoffe

Akagane, K., Allan, G. G. Passot, E. M.: Modifizierung der Faseroberfläche. Teil XVII. Die Stereotopochemie der Adsorption von Polyazaheterocyclen auf Cellulose. Paperi ja Puu (Papier u. Holz), Helsinki **56** (1974) 1, S. 5–6, 11–18. (engl.)
Die Verwendung von Chemiefasern in Form von Vliesen. Ind. textile, Paris (1973) 1029, S. 723–728.

Faserverbundstoffe. Vliesstoffe

Barabanov, G. L., Mat'janov, V. I.: Projektierung der Festigkeit und Luftdurchlässigkeit von Nadelvliesstoffen. Tekstil. Prom. (Textil-Ind.), Moskva **33** (1973) 11, S. 54–55.

V. Textilveredlung

Marousek, M.: Ausnutzung der Luft bei den Ausrüstungsprozessen von Textilien. Textil, Praha 28 (1973) 12, S. 456–457.

Farbstoffe. Textilhilfsmittel

Neue Farbstoffe, die von den Betrieben der Anilinfarbstoffindustrie der UdSSR hergestellt werden. Tekstil. Prom. (Textil-Ind.), Moskva 33 (1973) 12, S. 60–62.

Olszewski, Z.: Neue Chlorvinyl-Farbstoffe. Magyar Textiltechnika 26 (1974) 1, S. 1–2.

Lörinc, A., Bartha, B., Bukosza-Báran, M., Gara, M.: Die Prüfung von zur Hochveredlung der Textilien gebräuchlichen ungarischen, nichtionogenen, grenzflächenaktiven chemischen Hilfsmitteln. Kolor. Értesitö (Kolor. Rdsch.) 15 (1973) 11/12, S. 298–307.

von der Eltz, H.-U., Klein, R.: Wasserglas und seine Bedeutung für Ramazolfarbstoffe. Internat. Textil-Bull. (1973) 4, S. 323–324, 329–330, 335–336, 396.

Bleicherei. Sonstige Vorbehandlungsarbeiten der Textilveredlung

Neveling, V., Sebb, W.: Die Behandlung von Textilgut unter Normaldruck bei erhöhter Temperatur. Das NET-Verfahren. Textilbetrieb 92 (1974) 1/2, S. 58–59.

Kostyreva, L. A., Anučin, B. I., Grankina, M. Ja.: Anwendung lateinischer Quadrate bei der Untersuchung von Aktivatoren für die Peroxidbleiche von Geweben. Zavodsk. Labor. (Betriebslabor) 40 (1974) 1, S. 81–82.

Färberei

von der Eltz, H.-U.: Mehr Sicherheit im Thermosol-Verfahren. VIII. Das Thermosolaggregat im Wandel der Zeit. Textil-Praxis internat. 29 (1974) 1, S. 85–87.

Carbonell, J., Hasler, R., Walliser, R.: Zirkulationsfärberei in neuem Licht. Melliand Textilber. internat. 55 (1974) 2, S. 149–152.

Färben in flüssigem Ammoniak. Melliand Textilber. internat. 55 (1974) 2, S. 162–163.

Vernazza, J.: Technologische und wirtschaftliche Aspekte des Flottenablasses. Melliand Textilber. internat. 55 (1974) 2, S. 141–149.

Beckmann, W., Hoffmann, F., Rohr, K.-J.: Systematisches Verfahren für das Polyamidfärben mit anionischen Farbstoffen aus langer Flotte. Melliand Textilber. internat. 55 (1974) 1, S. 51–55.

Goldfinger, G., Stafford, L.: Farbe von absorbierenden streuenden Substraten. II. Die Vorhersage der Farbe eines Faserbündels. J. Polymer Sci.: Polymer Letters Ed. 11 (1973) 11, S. 701–704.

Druckerei

Popova, V. I., Šmeleva, L. S., Buluševa, N. E.: Verringerung des Verbrauchs an Küpenfarbstoffen beim Bedrucken nach dem Rongalit-Pottasche-Verfahren. Tekstil. Prom. (Textil-Ind.), Moskva 33 (1973) 12, S. 58–59.

Ausrüstung

Okoniewski, M.: Neue Technologien für die chemische Behandlung von Textilerzeugnissen. Technik włókienn. (Textiltechn.) 22 (1973) 12, S. 360–363.

Wie steht es um die Lösungsmittel-Behandlung von Maschenstoffen? Wirk- u. Strick.-Technik 24 (1974) 2, S. 88, 90.

Voronkov, M. G., Charcharov, A. A., Lajchtman, I. E.: Schrumpfarmausrüstung von Cellulosefaserstoffen mit Polydiäthylsiloxanen. Ž. prikl. Chimii (Z. angew. Chemie) 47 (1974) 2, S. 414–418.

Šabel'skaja, L. I., Zajončovskij, A. D., Akulova, T. E., Rubin, V. S., Krasnov, B. Ja.: Untersuchung der thermischen Schrumpfung von Kunstleder auf gewirktem Schichtträger für das Schuhoberteil. Mitt. 1. Izv. vysšich uč. Zav. Technol. legkoj Prom. (Hochschulnachr. Technol. Leichtind.) (1973) 6, S. 39–42.

Rößler, E., Deiner, H., Schilling, H.: Neue Veredlungsverfahren für Synthetics und Mischartikel. Melliand Textilber. internat. 55 (1974) 1, S. 65 bis 72.

Benisek, L., Crawshaw, G. M.: Über das Brennen der Faser und die Flammfestigkeit der Wolle. Magyar Textiltechnika 26 (1974) 1, S. 30–32.

Lyssy, T.: Flammschutz synthetischer Fasern – eine Übersicht. Textilveredlung 8 (1973) 12, S. 593–605.

Kubacki, Z., Brojewska, B.: Einfluß einer Antipilz- und Bakterizidausrüstung von Trikotagen auf die Veränderungen der Mikrooberfläche von Baumwollfasern. Technik włókienn. (Textiltechn.) 22 (1973) 10, S. 289–292.

Wäscherei. Chemische Reinigung

Peatrow, E., Peatrow, S.: Zentralwäscherei des Gesundheitswesens Sondershausen. Textilreinigung 21 (1974) 2, S. 46–51.

Heinz, R.: Hygienische Ausrüstung – Bedürfnis oder Forderung. Textilreinigung 21 (1974) 2, S. 52–54.

Wiezorek, W.: Rolle, Bedeutung und Erfahrungen eines Bezirksleitbetriebes der Textilreinigung. Textilreinigung 21 (1974) 2, S. 37–39.

Brunner, L.: Verteiler- und Kennzeichnungstisch – ein Mittel zur Rationalisierung der Arbeitsvorbereitung. Textilreinigung 21 (1974) 2, S. 41 bis 45.

Valk, G.: Ermittlung des Waschwirkungsgrades bei Breitwaschverfahren. Teil I. Lösungswäsche. Textil-Praxis internat. 29 (1974) 1, S. 90–93.

VI. Werkstoffprüfung. Meß- und Prüftechnik. Standardisierung

Materialeigenschaften und Materialfehler

Džabbarov, E. A.: Veränderung der Eigenschaften von Elastik im Prozeß der Herstellung von Strumpferzeugnissen. Tekstil. Prom. (Textil-Ind.), Moskva 33 (1973) 11, S. 69–71.

Denton, M. J.: Struktur und Eigenschaften Falschdraht-texturierter Garne. Chemiefasern/Textil-Ind. 24/76 (1974) 2, S. 102–108.

Conell, J. P., Andrews, M. W.: Die Veränderlichkeit der Dichte australischer Wollen und ihr Einfluß auf die pneumatische Messung des Durchmessers. J. Textile Inst. 65 (1974) 1, S. 1–5.

Byčkov, M. F., Dianič, M. M.: Hygroskopische Eigenschaften von Geweben aus einer Mischung von Flachs mit Chemiefasern. Tekstil. Prom. (Textil-Ind.), Moskva 33 (1973) 12, S. 70–71.

Simonenko, D. F., Savčuk, N. G., Volynec, T. A.: Mängel der Standard-Qualitätsbeurteilung von Seidengeweben. Izv. vysšich uč. Zav. Technol. legkoj Prom. (Hochschulnachr. Technol. Leichtind.) (1973) 6, S. 49–53.

Dworzanski, W.: Methoden zum Prüfen von Polyamidseiden, die für Damenstrümpfe bestimmt sind. Magyar Textiltechnika 26 (1974) 1, S. 21 bis 25.

Schwab, R.: Anwendung der mathematischen Statistik zur Gütekontrolle in der Wirkerei/Strickerei. Melliand Textilber. internat. 55 (1974) 2, S. 139–140.

Chuchreva, I. I., Barkov, A. S., Verchotin, M. S., Afanas'ev, A. M.: Intermittierende und zyklische Lichteinwirkung auf Gewebe aus Polymerrohstoff. Tekstil. Prom. (Textil-Ind.), Moskva 33 (1973) 11, S. 71–74.

Hättenschwiler, P., Bühler, M.: Entstehung und Häufigkeit von Garnverdickungen. Internat. Textil-Bull., Zürich, Weltausgabe Weberei (1973) 4, S. 341–342, 346, 349–350, 353.

Meß- und Prüftechnik

Derringer, G. C.: Eine statistische Methode für die Computer-Verarbeitung von Biegedaten von Elastomeren. J. appl. Polymer Sci. 17 (1973) 10, S. 3015–3031.

Bathelt, S.: Newton – die neue gesetzliche Krafteinheit. Mit Umrechnungsbeispielen aus der Textilprüfung. Textilbetrieb 92 (1974) 1/2, S. 43–44.

Gal'perin, L. N., Neganov, A. S., Zabrodin, V. A., Kirillov, P. K., Kubikov, A. I., Kalmykov, Ju. B.: Geräte für physikalisch-mechanische Prüfungen von Polymermaterial. Mech. Polimerov, Riga (Mech. Polymeren) (1974) 1, S. 145–148.

Gurvičjus, I. V.: Akustisches Verfahren zur Untersuchung eines Fadenbruchs. Tekstil. Prom. (Textil-Ind.), Moskva 33 (1973) 12, S. 68–69.

Teppich, G.: Zur Problematik der pH-Bestimmung an textilen Materialien. Textilveredlung 8 (1973) 12, S. 582–585.

Absenger, R., Schliefer, K.: Polarographische Bestimmung von freiem Formaldehyd in stickstoffhaltigen Hochveredlungsprodukten. Textilveredlung 8 (1973) 12, S. 580–581.

Naujoks, E.: Untersuchung zur quantitativen Trennung von Baumwolle/Polyester-Mischgespinsten. Chemiefasern/Textil-Ind. 24/76 (1974) 2, S. 123–125.

Coates, E., King, M. G., Rigg, B.: Kalorimetrie für die Textilindustrie: Vereinfachte Messung des erreichbaren Volumens für Wolle. J. Textile Inst. 65 (1974) 1, S. 34–40.

Powell, K., Jesty, R., Delaney, J.: Farbmessung und Vorhersage der Farbtonübereinstimmung in der europäischen Wollfärbeindustrie. Textile Manuf. 100 (1973) 1183, S. 36, 39, 41–43.

Geller, B. Ė., Zakirov, I. Z., Muchamedov, I. M., Stepancova, N. P., Chomenko, R. I., Jakubova, N. Ja.: Untersuchung der Struktur von mit Fibroin modifiziertem Polyacrylnitrilfaserstoff mit Hilfe der Wasserdampf- und Farbstoffsorptionsmethode. Chim. Volokna (Chemiefaserstoffe), Moskva (1974) 1, S. 28–30.

Schliefer, K., Valk, G., Ruppert, K.-H.: Entfernung von freiem Formaldehyd aus hochveredelten Textilien. Melliand Textilber. internat. 55 (1974) 2, S. 170.

Hornbaker, D. R., Rall, D.: Messung der Nicht-Kontakt-Temperatur an Fasern, textilen Flächengebilden usw. mit der Konvektionsmethode unter Verwendung des Wärme-Nullabgleichs. Textile Inst. Ind. 12 (1974) 1, S. 13–15.

Garbaruk, V. N., Garbaruk, V. V., Bachmatov, K. I.: Einfluß der Abzugskraft eines Gewirkes/Gestricks auf die Fadenspannung beim Kulieren. Izv. vysšich uč. Zav. Technol. legkoj Prom. (Hochschulnachr. Technol. Leichtind.) (1973) 6, S. 114–117.

Standardisierung. Terminologie

Busch, H.: Einführung der internationalen SI-Maßeinheiten auf dem Textilgebiet. Melliand Textilber. internat. 55 (1974) 2, S. 189–193.

VII. Betriebstechnik. Ökonomie. Tagungsberichte und dgl.. Sonderfragen

Betriebstechnik

Gebald, G.: Der Prozeßrechner Indicator in der Textilindustrie. Teilaufgabe: Gerechtes Entlohnen. Chemiefasern/Textil-Ind. 24/76 (1974) 2, S. 108 bis 111.

Finkelstein, J., Schmulewitz, T.: Erforschung der Umwelteinflüsse auf den Arbeiter und deren Differenzierung. Wirk.- u. Strick.-Technik 24 (1974) 2, S. 72–76.

Klopfer, H.-D.: Betrieblicher Unfallschutz braucht Pflege. Textilbetrieb 92 (1974) 1/2, S. 34–36.

Galiguzov, L. K., Rossinskaja, G. P.: Zur Normung der Teileaustauschfristen für die Anlagen in der Chemiefaserindustrie. Chim. Volokna (Chemiefaserstoffe), Moskva (1974) 1, S. 72–73.

Eparchin, M. P., Sen'kina, V. D.: Rolle der technischen Wartung der Chemiefaserproduktionsanlagen zwischen den Grundüberholungsfristen. Chim. Volokna (Chemiefaserstoffe), Moskva (1974) 1, S. 70–72.

Kitamura, K.: Behandlung von Färbereiabwasser mit synthetischem Hochpolymerflockenbildner. Japan Textile News (1973) 223, S. 26–33.

Kuznecova, E. M., Šmidt, L. I., Gal'perin, V. M., Ochrimenko, I. S.: Reinigung von mit Polyvinylalkohol oder seinen Derivaten verunreinigten Abwässern. Ž. prikl. Chimii (Z. angew. Chemie) 47 (1974) 2, S. 307–311.

Ökonomie

Černý, J., Glivický, V., Horný, J.: Notwendigkeit einer rationellen Organisation der Arbeit und der Erholung bei Anwendung des MTM-Systems. Textil, Praha 28 (1973) 12, S. 459–460.

Eggensperger, B. E.: Zur Aktualität des Muster- und Modellschutzes in der Textil- und Bekleidungsindustrie und zur Abwehr von Kopier-Importen aus Entwicklungs- und Staatshandelsländern. Wirk.- u. Strick.-Technik 23 (1973) 11, S. 745–746.

Die Weltproduktion von Chemiefasern. Chemiefasern/Textil-Ind. 24/76 (1974) 2, S. 77.

Bettin, K.: Die weiteren Aufgaben der Textil- und Bekleidungsindustrie bis 1975 und einige perspektivische Aspekte der Entwicklung nach 1975. Textilreinigung 21 (1974) 2, S. 33–36.

Mrázek, J.: Stand und Perspektiven auf dem Gebiet einiger Kunststoffe in der ČSSR. Chem. Prom. (Chem. Ind.), Praha 24/49 (1974) 1, S. 15–16.

Sonderfragen

Kirschke, K.: Dokumentation und Information über Rheologie: Derzeitiger Stand und Entwicklung ihres Aufbaus und ihrer Anwendung. Rheologica Acta, Darmstadt 12 (1973) 3/4, S. 516–518. (engl.)

Liebscher, U., Pelzl, R.: Heuristisches Programm für das Entwickeln eines textilen Stoffes. Techn. Textilien 16 (1973) 6, S. 155–163.

FSC
www.fsc.org
MIX
Papier | Fördert gute Waldnutzung
FSC® C083411

Zeitfracht Medien GmbH
Ferdinand-Jühlke-Straße 7
99095 Erfurt, Deutschland
produktsicherheit@kolibri360.de